BCCS

BEAUTY
COSMETIC
CHINESE
SPEAKING

뷰티
코스메틱
중국어
회화

뷰티 코스메틱
중국어 회화

초판 인쇄 2018년 3월 25일
초판 발행 2018년 3월 30일

지은이 김규리
발행인 조규백
책임편집 한이슬
발행처 도서출판 구민사
주소 (07293) 서울특별시 영등포구 문래북로 116, 604호(문래동3가 46, 트리플렉스)
전화 (02)701-7421(~2)
팩스 (02)3273-9642
홈페이지 www.kuhminsa.co.kr
등록 제14-29호(1980년 2월 4일)
ISBN 979-11-5813-527-0 [13720]
정가 15,000원

BCCS

BEAUTY
COSMETIC
CHINESE
SPEAKING

뷰티 코스메틱 중국어 회화

김규리 저

구민사

Contents

BEAUTY COSMETIC CHINESE SPEAKING

배우고 때에 따라 익히면 즐겁지 아니한가!

学而时习之不亦说乎

xué'érshíxízhībúyìyuèhū

/

孔子

PART

01

CHINESE BASIC GRAMMAR

중국어 기초문법

수 도 베이징
언 어 중국어
면 적 9,596,960km^2 세계 4위 (CIA 기준)
인 구 약 1,379,302,771명 세계 1위 (2017.07. est. CIA 기준)
화 폐 위안(CNY)
GDP 11조 9,375억$ 세계 2위 (2017 IMF 기준)

'중국어'에 대하여

- 중국은 56개의 민족으로 구성되어 있는 다민족 국가이다. 그 중 한족이 전체 인구의 94%를 차지하기 때문에 '한어'를 공통어로 지정하였다. 또 다른 말로는 '보통화(普通话)'라고도 부르며, 전 세계 인구의 약 1/5이 사용하고 있는 언어이다.
  중국은 1980년대만 해도 문화개방을 하지 않아 우리나라 사람들은 유학을 대만으로 갔으며 그곳에서 배운 한자가 번자체(繁体字)이다.
  높은 중국인의 문맹률을 낮추기 위해 중국인조차 쓰기 어려웠던 번자체를 쉽게 만든 간자체는 중화민국시대인 1935년 공식 참고문헌이 출간됐다가 그 다음 해에 사용이 금지됐고, 1950년대 마오쩌둥(毛泽东)의 지시로 다시 사용되기 시작했으며 1964년 '간화자총표'가 공식적으로는발표되었다.

예시 사랑 애

愛	→	爱
〈번자체〉		〈간자체〉

- 중국은 아시아에 위치한 나라로 UN 상임이사국이고 G20 회원국이며, 국토 면적은 한국 대비 106배 정도 크다. 2015년 10월에 한 자녀 정책을 폐지하고 두 자녀 정책을 실시하였다. 중국 당국은 '인구 균형 개발 및 고령화 문제 해결'과 장기적으로 0.5%의 경제 성장을 목표하고 있다.
  아시아경제공동체 포럼(AECF) 기조 연설에서 "아시아로 권력의 핵심이 이동하고 있으며 그 중심에 있는 중국과 가장 인접해 있는 국가가 세계에서 가장 역동적인 국가가 될 것이다"라고 예견했다. 따라서 한국인이라면 중국어 공부는 활용 가치가 높을 것이다.

- 이런 말들을 증명하듯이 국내 화장품 생산 규모는 10조 원대를 돌파했으며, 중화권 수출은 2조 원을 넘어서면서 화장품 무역흑자는 1조 원대를 기록했다. 앞으로 중국 당국의 규제로 인해 수출이 전보다 쉽지는 않겠지만, 세계 최고인 한국의 독보적인 품질과 정부 지원으로 중국의 넓은 미개척 개발 지역에 많은 영향력을 전파할 것으로 기대한다.

01 중국어의 병음과 성조

한어병음(汉语拼音)

한글은 표음문자로 글자만 보고도 정해진 규칙대로 발음할 수 있지만, 한어 병음은 중국어 한자음을 로마자로 표기하는 발음부호이다. 한어 병음 자모(중국어 정체: 漢語拼音字母, 병음: Hànyǔpīnyīn zìmǔ)는 현대 표준어인 보통화(普通話) 발음을 로마자 자모로 표기하여 성모(聲母)는 21개, 운모(韻母)는 38개로 되어 있으며, 알파벳 26자 중 [V]자를 제외한 25자와 특수모음 [ü]로 구성된다.

중국어의 성모와 운모

■ 성모(자음) 21개

중국어 성모는 무기음(无气音)과 유기음(有气音)으로 구분한다.

무기음	숨을 작게 내면서 발음	b	d	g	j	zh	z
유기음	숨을 크게 내면서 발음	P	t	k	q	ch	c

순음(唇音)	b(0) 뽀~어	p(o) 포~어	m(o) 모~어	f(o) 포~어
설음(舌音)	d(e) 뜨어	t(e) 트어	n(e) 느어	l(e) 르어
설근음(舌跟音)	g(e) 끄어	k(e) 크어	h(e) 흐어	
설면음(舌面音)	j(i) 지	q(i) 치	x(i) 시	
권설음(卷舌音)	zh(i) 즈	ch(i) 츠	sh(i) 스	r(i) 르
설치음(舌齿音)	z(i) 쯔	c(i) 츠	s(i) 쓰	

- 순음: 두 입술 사이에서 내는 음으로 입술을 닫은 상태에서 강한 음을 낸다.
  'f'의 발음은 아랫입술을 윗니에 가볍게 붙였다가 떼면서 그 사이로 공기를 마찰시켜 발음한다.
- 설음: 혀끝에서 내는 음으로 혀끝을 완전히 윗잇몸 뒤쪽에 붙였다 떼면서 낸다.
- 설근음: 혀뿌리에서 발음한다.
- 설면음: 혀를 평탄하게 입천장에 대고 발음한다.
- 권설음: 혀끝을 입천장에 닿지 않게 경구개 쪽으로 말아 올려내는 음으로 혀를 말아서 발음한다.
- 설치음: 윗니와 아랫니를 맞물고 혀끝을 윗 앞니 뒤를 차듯이 발음한다.

■ 중국어 발음 끝소리 운모 38개

단운모 (单韵母)	복운모 (复韵母)	부성운모 (附声韵母)	결합운모(结合韵母)		
			I(yi)+	U(wu)+	ü+
a (아)	ai (아이)	an (안)	ia(ya) (이야~)	ua(wa) (우와~)	üe(yue) (위에~)
o (오~어)	ei (에이)	en (언)	ie(ye) (이에~)	uo(wo) (우워~)	üan(yuan) (위앤~)
e (으~어)	ao (아오)	ang (앙)	iao(yao) (이야오~)	uai(wai) (우와이~)	ün(yun) (윈~)
i (이)	ou (어우)	eng (엉)	iou(you) (이요우~)	uan(wan) (우완~)	
u (우)		ong (웅~옹)	ian(yan) (이앤~)	uang(wang) (우왕~)	
ü (위)			iang(yang) (이양~)	uei(wei) (우웨이)	
er (얼)			iong(yong) (이용~)	uen(wen) (우원~)	
			in(yin) (인)	ueng(weng) (우웡~)	
			ing(ying) (잉)		

- 단운모: 발음할 때 처음부터 끝까지 입 모양과 혀의 위치가 변하지 않는 것
- 복운모: 두 개의 단운모가 결합, 처음과 끝날 때 각각 발음이 다르다.
- 부성운모: 단운모에 비음운미(鼻音韻尾)인 'n, ng'가 결합하여 만들어진다.
- 결합운모: 개구음인 'a, o, e'와 'i, u, ü' 세 운모가 결합하여 만들어진다.
- 권설운모: er (얼: 으어+ㄹ) 성모와 결합하지 않고 혀를 말아서 발음하는 운모를 권설운모라고 한다.

※ 기타 발음 표기

儿화 : 권설운모 '儿 [er]'은 다른 운모와 결합하여 儿화 운모를 만든다. (단독 사용 불가)

- 작고 귀여운 것에 붙여 준다. ex) 새: 鸟[niǎo] → 鸟儿 [niǎor]
- 의미의 변화 ex) 편지: 信 → 信儿(소식, 기별)
- 품사의 변화 ex) (몇)개: 个 → 个儿(크기)

중국 성조

중국 시초에는 성조가 없었으며 시조를 읽을 때만 듣는 사람들로 하여금 평온한 감정을 전달하기 위해 성조를 넣었다고 한다. 또한, 성조는 근대사회에 들어오면서 중국어를 외국인에게 가르치기 위해 중국의 언어학자들이 규정해 놓은 약속으로 만들어졌지만, 현재는 중국어의 의미를 전달하는 중요한 역할을 한다.

TIPs! 중국 노래에는 성조가 없다.

1성	2성	3성	4성
妈 [mā]	**麻** [má]	**马** [mǎ]	**骂** [mà]
엄마	삼베(마직물)	말(동물)	꾸짖다

1성	엄마	妈 [mā]		사랑	높고 길게 발음한다.
2성	삼베 (마직물)	麻 [má]		해	낮은 음에서 높은 음까지 끌어올려 발음한다.
3성	말 (동물)	马 [mǎ]		정말	고개를 아래로 떨구고 다시 위로 올라가서 파톤으로 끝난다.
4성	꾸짖다	骂 [mà]		넷!	고개를 아래로 떨궈주며 악센트가 들어간다.
경성	아 (조사)	啊 [a]*		아~*	짧고 가볍게 내는 소리로 발음한다.

* 병음 위에 경성표시는 하지 않음

중국어 성조 표기

■ 일반적으로 운모 위에 표기

성조 부호는 'a-e-o-u-i' 위에 순서대로 표기하는데 다음과 같이 정해진 규칙이 있다.
'운모'가 두 개 이상일 경우는 입이 크게 벌려지는 순서대로 성조를 표기한다.

a 〉 o 〉 e 〉 i 〉 u 〉 ü

- 한 단어에 두 개 이상의 운도가 있을 경우 주요한 운모인 'a, e, o' 위에 표기한다.

예시〉 아침 早 zǎo / 감사하다 谢 xiè / 앉다 坐 zuò

- 만약 'a, e, o' 없이 'i, u, ü' 간으로 된 음절일 경우 마지막 주요 모음 뒤에 표기한다.

예시〉 여섯 六 liù / (몇)살 岁 suì

- 'i'와 'u'가 이어진 때는 'u' 뒤의 음에 표기하고 'i'만 있을 시 위의 점을 떼어내고 표기한다.

예시〉 술 酒 jiǔ / 최고 最 zuì

성조의 변화

■ 제 3성에 대한 성조 변화

1 표기는 그대로 하되 읽을 때는 **앞의 3성**을 **2성**으로 읽는다.
문장 끝에 위치하면 전부 발음한다.

3성 + 3성 → 2성 + 3성

你好 nǐ hǎo → 니 · 하오 (안녕하세요)

2 3성 뒤에 1, 2, 4성이 오게 되면 **앞의 3성**은 **반3성**으로 발음한다.

3성 + 1, 2, 4성 → 반3성 + 1, 2, 4성

很多 hěn duō → 헌 · 뚜워 (매우 많다)

■ 不의 성조 변화

1 不는 본래 성조 4성이나 **不 뒤에 4성**이 오면 **2성**으로 변하여 강한 어조를 부드럽게 발음한다.
나머지 1, 2, 3성은 그대로 발음한다.

不 [bù]: 4성 + 4성 → 2성 + 4성

不去 bù qù → 부 · 취 (안 간다)

■ 제 1성 一 [yī]의 성조 변화

1 1성 뒤에 1, 2, 3성이 오게 되면 **1성**을 **4성**으로 발음한다.

一[yī]: 1성 + 1, 2, 3성 → 4성 + 1, 2, 3성

一天 yī tiān → 이 · 티엔 (하루)

2 4성 또는 경성으로 오는 경우는 **1성**을 **2성**으로 발음한다.

一[yī]: 1성 + 4성 → 2성 + 4성

一个 yī gè → 이 · 거 (한 개)

* 단독으로 쓰는 서수(년도수, 전화번호, 호수)일 경우 본래의 1성으로 발음한다.

02 중국어 기초문법

- 우리말은 격에 따라 은/ 는/ 이/ 가/ 을/ 를 등 다양한 조사가 붙으나, 중국어는 인칭이나 시제에 따라 그 형태가 변하지 않는다.
- 중국어는 시간을 나타내는 명사, 부사, 조사 등을 붙여 시제의 변화를 나타낸다.
- 중국 어순은 의미를 나타내기 때문에 어순이 바뀌면 의미가 달라지거나 뜻밖의 오해를 사는 경우가 있으므로 시제 변화와 어순에 주의하여 학습해야 한다.

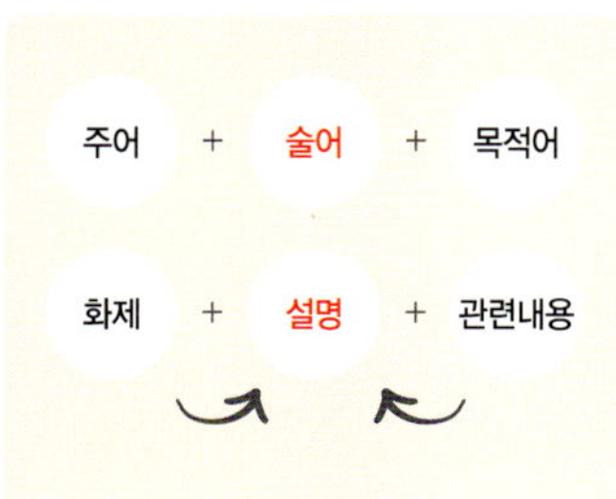

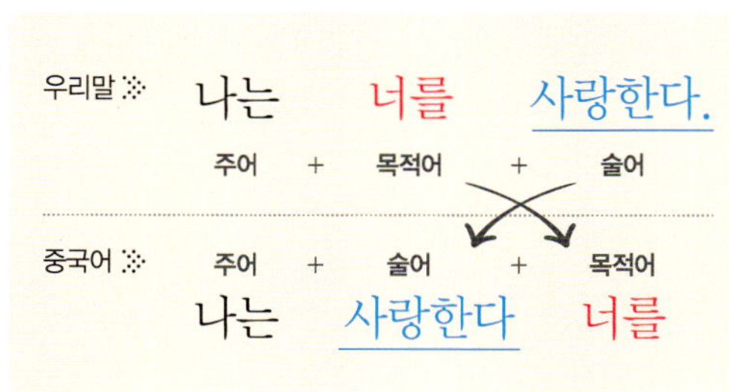

■ 중국어 인칭대명사

	단 수	복 수
나	我 [wǒ] 워	• 우리: 我们 [wǒmen] 워먼 청자와 화자를 (불)포함 둘 다 사용 가능 • 우리: 咱们 [zánmen] 잔먼 말하는 사람 + 듣는 사람 모두 포함할 때만
너, 당신	你 [nǐ] 니, 您 [nín] 닌(존칭)	你们 [nǐmen] 니먼, 您们 [nínmen] 닌먼 (×)
그(남자), 그녀	他 [tā] 타, 她 [tā] 타	他们 [tāmen] 타먼, 她们 [tāmen] 타먼
그(것), 저(것) (사람 이외의 것을 가리킴)	它 [tā] 타	它们 [tāmen] 타먼
누구, 누가	谁 [shéi, shuí] 셰이,쉐이	谁们 셰이먼 (×)
남, 타인	人家 [rénjiā] 런지아 别人 [biéren] 비에런	他们 [tāmen] 타먼

■ 중국어 문장성분

성분	설명 및 예문
주어 主语 [zhǔyǔ]	• 술어가 나타내는 동작이나 상태의 주체가 되는 성분으로 우리말로 '은/ 는/ 이/ 가'로 해석되며 행동의 주체가 바로 주어이다. **주어** + **술어** + **목적어** **我** + **买** + **化妆品** **나는** 화장품을 산다.
술어 谓语 [wèiyǔ]	• 주어가 하는 동작(움직임)이나 상태를 나타내는 것으로 일반적으로 '~하다/~다'로 해석되는 단어들이며 주로 동사와 형용사가 그 역할을 담당한다. **주어** + **술어** + **목적어** **我** + **买** + **化妆品** 나는 화장품을 **산다.**
목적어 宾语 [bīnyǔ]	• 목적어는 어떠한 동작의 대상이 되는 것으로 우리말로 '~을/를'로 해석된다. 단, 목적어가 장소로 사용될 경우에는 '~에'로 해석이 된다. **주어** + **술어** + **목적어** **我** + **买** + **化妆品** 나는 **화장품을** 산다.
관형어 定语 [dìngyǔ]	• 주어와 목적어 앞에 관형어가 놓일 수 있고, 주로 명사나 대명사 앞에 놓여 사람 · 사물을 묘사하거나 성질, 상태, 시간, 장소 등을 수식하고 제한하는 성분을 중국어에서는 한정어(관형어)라 한다. **관형어** + **주어** + **술어** + **관형어** + **목적어** **我的** + **朋友** + **买** + **一些** + **化妆品** **나의** 친구는 **몇 개의** 화장품을 산다.
부사어 状语 [zhuàngyǔ]	• 부사어는 일반적으로 주어와 술어(동사, 형용사) 앞에 놓여 동작의 시간, 장소, 상태, 정도, 부정 등을 말해주는 성분이며 또한 술어 앞의 수식어를 부사어라고 말한다. **주어** + **부사어** + **술어** + **목적어** **我** + **高兴地** + **买** + **化妆品** 나는 **즐겁게** 화장품을 산다.
보어 补语 [bǔyǔ]	• 술어 뒤에 쓰여 동작의 결과 · 정도 · 가능 · 횟수 · 시간 등을 보충해 주는 역할을 하는 성분을 보어라 하는데 보어는 중국어에서 중요한 역할을 한다. **주어** + **술어** + **보어** + **관형어** + **목적어** **我** + **买** + **完了** + **一些** + **化妆品** 나는 몇 개의 화장품을 **다** 샀다.

■ 중국 문장 부호

중국어는 한국어와 달리 띄어쓰기가 없기 때문에 문장부호의 사용이 중요하다.

명칭	부호	기능	명 칭	부호	기능
마침표 句号	。	종지부, 평서문에 쓰임	**줄임표** 省略号	……	할 말을 줄이거나 말이 없음을 나타낼 때 쓰임
쉼표 逗号	，	짧게 쉬는 부분을 나타낼 때 쓰임	**책이름표** 书名号	《 》 〈 〉	책 이름을 표시할 때 쓰임
모점 顿号	、	병렬관계의 단어들을 나열할 때 쓰임	**줄표, 대시** 破折号	—	화제를 전환하거나 부연 설명을 할 때 쓰임
쌍점 冒号	：	앞 내용의 예를 들거나 보충할 때 쓰임	**붙임** 连接号	–	시간, 지역 명, 숫자 등 의미가 밀접하게 연결된 어휘를 연결할 때 쓰임
쌍반점 分号	；	병열로 나열되는 절과 절 사이에 쓰임	**괄호** 括号	( ) [ ]	문장에서의 주석부분을 표시할 때 쓰임
큰따옴표 双引号	“ ”	인용하거나 강조할 때 쓰임	**느낌표** 感叹号	!	강한 감정 및 명령문에 쓰임
작은따옴표 单引号	‘ ’	따옴표 안에 다시 따옴표를 사용할 때 쓰임	**가운뎃점** 间隔号	•	달과 날짜 사이, 인명 내부의 구분을 할 때 쓰임

■ 의문대명사

누가	谁 [shéi]	언제	什么时候 [shénmeshíhòu]
어디서	在哪儿 [zàinǎer]	무엇을	什么 [shénme]
어떻게	怎么 [zěnme]	왜	为什么 [wèishénme]

■ 방위

상위	上 [shàng]	아래	下 [xià]	중	中 [zhōng]	안	里 [lǐ]
밖	外 [wài]	방면	面 [miàn]	~측	边 [biān]	근방	附近 [fùjìn]

NOTE

03 한어병음 음절표

	a	o	e	-i		er	ai	ei	ao	ou	an	en	ang	eng	ong	i	ia	iao	ie
b	ba	bo					bai	bei	bao		ban	ben	bang	beng		bi		biao	bie
p	pa	po					pai	pei	pao	pou	pan	pen	pang	peng		pi		piao	pie
m	ma	mo	me				mai	mei	mao	mou	man	men	mang	meng		mi		miao	mie
f	fa	fo						fei		fou	fan	fen	fang	feng					
d	da		de				dai	dei	dao	dou	dan	den	dang	deng	dong	di	dia	diao	die
t	ta		te				tai	tei	tao	tou	tan		tang	teng	tong	ti		tiao	tie
n	na		ne				nai	nei	nao	nou	nan	nen	nang	neng	nong	ni		niao	nie
l	la	lo	le				lai	lei	lao	lou	lan		lang	leng	long	li	lia	liao	lie
g	ga		ge				gai	gei	gao	gou	gan	gen	gang	geng	gong				
k	ka		ke				kai	kei	kao	kou	kan	ken	kang	keng	kong				
h	ha		he				hai	hei	hao	hou	han	hen	hang	heng	hong				
j																ji	jia	jiao	jie
q																qi	qia	qiao	qie
x																xi	xia	xiao	xie
zh	zha		zhe	zhi			zhai	zhei	zhao	zhou	zhan	zhen	zhang	zheng	zhong				
ch	cha		che	chi			chai		chao	chou	chan	chen	chang	cheng	chong				
sh	sha		she	shi			shai	shei	shao	shou	shan	shen	shang	sheng					
r			re	ri					rao	rou	ran	ren	rang	reng	rong				
z	za		ze		zi		zai	zei	zao	zou	zan	zen	zang	zeng	zong				
c	ca		ce		ci		cai		cao	cou	can	cen	cang	ceng	cong				
s	sa		se		si		sai		sao	sou	san	sen	sang	seng	song				
	a	o	e			er	ai	ei	ao	ou	an	en	ang	eng		yi	ya	yao	ye

	iou -iu	ian	in	iang	ing	iong	u	ua	uo	uai	uei ui	uan	uen -un	uang	ueng	ü	üe	üan	ün
b		bian	bin		bing		bu												
p		pian	pin		ping		pu												
m	miu	mian	min		ming		mu												
f							fu												
d	diu	dian			ding		du		duo		dui	duan	dun						
t		tian			ting		tu		tuo		tui	tuan	tun						
n	niu	nian	nin	niang	ning		nu		nuo			nuan				nü	nüe		
l	liu	lian	lin	liang	ling		lu		luo			luan	lun			lü	lüe		
g							gu	gua	guo	guai	gui	guan	gun	guang					
k							ku	kua	kuo	kuai	kui	kuan	kun	kuang					
h							hu	hua	huo	huai	hui	huan	hun	huang					
j	jiu	jian	jin	jiang	jing	jiong										ju	jue	juan	jun
q	qiu	qian	qin	qiang	qing	ciong										qu	que	quan	qun
x	xiu	xian	xin	xiang	xing	xiong										xu	xue	xuan	xun
zh							zhu	zhua	zhuo	zhuai	zhui	zhuan	zhun	zhuang					
ch							chu	chua	chuo	chuai	chui	chuan	chun	chuang					
sh							shu	shua	shuo	shuai	shui	shuan	shun	shuang					
r							ru	rua	ruo		rui	ruan	run						
z							zu		zuo		zui	zuan	zun						
c							cu		cuo		cui	cuan	cun						
s							su		suo		sui	suan	sun						
	you	yan	yin	yang	ying	yong	wu	wa	wo	wai	wei	wan	wen	wang	weng	yu	yue	yuan	yun

함께 가자 우리!
토끼를 깨워서 함께 가는 거북이가 되어야 합니다.

我们一起去吧!
它必须是一只乌龟，唤醒兔子并走到一起。
wǒmen yīqǐ qù ba
yīzhī wūguī, huànxǐng tùzi bìng zǒu dào yīqǐ

/

신영복

PART

02

/

RECEPTION

안내접수

핵심단어

응용문장

Q & A

Q & A (결제 상담)

숫자

01 핵심단어

접수대	接待处	jiēdàichù
고객상담챠트	顾客咨询表	gùkèzīxúnbiǎo
상품 카달로그	商品目录	shāngpǐnmùlù
유학생	留学生	liúxuéshēng
관광객	游客	yóukè
통역관	翻译员	fānyìyuán
상담원	咨询员	zīxúnyuán
진료 예약	就诊预约	jiùzhěnyùyuē
여권 만료일	护照到期日期	hùzhàodàoqīrìqī
코디네이터(Coordinator)	协调员	xiétiáoyuán
간호사	护士	hùshi
의사	医生	yīshēng
보호자	监护人	jiānhùrén
진료과	门诊科	ménzhěnkē
선물	礼品	lǐpǐn
면세점	免税店	miǎnshuìdiàn
공항	机场	jīchǎng
세일 상품	折扣商品	zhékòushāngpǐn
환율	汇率	huìlǜ
화장품 샘플	化妆品小样	huàzhuāngpǐnxiǎoyàng
멤버십 카드	会员卡	huìyuánkǎ
할인 쿠폰	优惠券	yōuhuìquàn
인터넷 예약	网上预约	wǎngshàngyùyuē
스탬프 카드	图章卡	túzhāngkǎ
포인트 카드	积分卡	jīfēnkǎ
무이자 할부	无息分期付款	wúxīfēnqīfùkuǎn
인기 제품	人气商品	rénqìshāngpǐn

☑ CHECKLIST				
1	2	3	4	5

색조	色彩	sècǎi
기초	基础	jīchǔ
네일	指甲	zhǐjiǎ
헤어	头发	tóufa
향수	香水	xiāngshuǐ
유기농 제품	有机产品	yǒujīchǎnpǐn
이너뷰티	内在美	nèizàiměi
아로마 초	香薰蜡烛	xiāngxūnlàzhú
염색 제품	染色产品	rǎnsèchǎnpǐn
다이어트	减肥	jiǎnféi
뷰티 편집샵	美容编辑店	měiróngbiānjídiàn
1+1 이벤트	一加一活动	yījiāyīhuódòng
쇼핑몰	购物商城	gòuwùshāngchéng
신상품 출시	新品上市	xīnpǐnshàngshì
대용량	大容量	dàróngliàng
기획세트	企划套装	qǐhuàtàozhuāng
한정판매	限量出售	xiànliàngchūshòu
유통기한	保质期	bǎozhìqī
영수증	收据	shōujù
로커 룸(Locker room)	更衣室	gēngyīshì
서명	签吊	qiānmíng
아이디(Identity)	用戶吊	yònghùmíng
비밀번호(Password)	密码	mìmǎ
위챗(WeChat)* * 중국 모바일 메신저	微信	wēixìn
페이스북(Facebook)	脸谱	liǎnpǔ

02 응용문장

✔ 중국어 통역 가능하신 분 있나요?

请问，有能中文翻译的人吗？

qǐngwèn，yǒu néng zhōng wén fān yì de rén ma?

✔ 여권하고 사전 진료 증명서 있어요.

有护照和事前医疗证明。

yǒu hù zhào hé shì qián yī liáo zhèng míng

✔ 성함이 어떻게 되세요?

您叫什么名字？

nín jiào shénme míngzì?

✔ 국적이 어디세요?

您的国籍是哪里?

nín de guó jí shì nǎ lǐ?

✔ 고향이 어디세요?

您的故乡是哪里？

nín de gùxiāng shì nǎ lǐ?

✔ 어디 사세요?

您住在哪里？

nín zhù zài nǎ lǐ?

✔ E-mail하고 전화번호 적어 주실래요!

请写下您的电子邮件和电话号码!

qǐng xiě xià nín de diànzǐ yóujiàn hé diànhuà hàomǎ!

☑ CHECKLIST				
1	2	3	4	5

✔ 어느 학교 다니나요?

您在哪个学校上学?

nín zài nǎge xuéxiào shàngxué?

✔ 한국 구경은 어디 했어요?

您在韩国去哪里玩儿了？

nín zài hánguó qù nǎ lǐ wánr le?

✔ 이쪽으로 앉으세요.

请坐在这边。

qǐng zuò zài zhè biān

✔ 실례지만, 화장실은 어디 있나요?

不好意思，请问洗手间在哪里？

bù hǎo yì si，qǐng wèn xǐ shǒu jiān zài nǎ lǐ?

✔ 귀중품을 보관해 드릴게요.

时刻注意保管好贵重物品。

shí kè zhù yì bǎo guǎn hǎo guì zhòng wù pǐn

✔ 사물함 키를 드리겠습니다.

给您储物柜钥匙。

gěi nín chǔ wù guì yào shi

✔ 어떤 음료를 드릴까요?

请问您想要什么饮料?

qǐngwèn nín xiǎng yào shénme yǐn liào?

✔ 커피, 녹차, 아이스티 중에 어떤 걸로 드릴까요?

有咖啡、绿茶和冰茶，您想喝哪个？

yǒu kā fēi，lǜ chá hé bīng chá，nín xiǎng hē nǎge?

✔ 결재는 3개월 할부로 해주세요.

结算请给我弄3个月的分期付款。

jiésuàn qǐng gěi wǒ nòng sān gè yuè de fēn qí fù kuǎn

✔ 여기 사인 해주세요.

请在这里签名。

qǐng zài zhèlǐ qiānmíng

✔ 화장품 코너를 찾고 있어요.

我在找化妆品柜台。

wǒ zài zhǎo huà zhuāng pǐn guì tái

✔ '1+1' 행사 제품입니다.

这是'一加一'活动产品。

zhè shì 'yī jiā yī' huó dòng chǎn pǐn

✔ 반품은 구매일 이후 1주일 안에 가능합니다.

自购买日起一周内可以退货。

zì gòumǎi rì qǐ yìzhōu nèi kěyǐ tuì huò

✔ 제품 사용기한을 확인해주세요.

请确认产品的使用期限。

qǐng quèrèn chǎnpǐn de shǐyòng qī xiàn

☑ CHECKLIST				
1	2	3	4	5

✔ 궁금한 내용 있으시면 전화 주세요.

如果您有任何疑问，请来电话询问。

rúguǒ nín yǒu rènhé yíwèr，qǐng lái diànhuà xúnwèn

✔ 잔돈이 있나요?

您有没有零钱?

nín yǒuméiyǒu língqián

✔ 오늘 환율이 어떻게 되나요?

今天的汇率是多少？

jīntiān de huìlǜ shì duōshǎo?

✔ 이 카드에 스탬프를 찍어 주세요.

请在这个卡片上盖章。

qǐng zài zhège kǎpiàn shàng gài zhāng

✔ 무이자 할부가 얼마나 가능하죠?

无息分期付款可以有多少？

wú xī fēnqí fùkuǎn kěyǐ yǒuduōshǎo?

✔ 여기서 사신 지 몇 년이나 되셨어요?

在这儿住了几年了？

zài zhèr zhùle jǐ nián le?

✔ 모두 얼마예요?

总共是多少？

zǒnggòng shì duōshǎo?

03 Q & A

안녕하세요, 무엇을 도와드릴까요?

您好，您需要什么帮助？

nín hǎo，nín xūyào shénme bāng zhù?

저는 5시 예약한 원효재입니다.

我是预约了五点的元孝載。

wǒ shì yùyuēle wǔ diǎn de yuánxiàozài

예전에 오신 적 있으세요?

您以前来过吗？

nín yǐ qián lái guò ma?

아니요, 전화상담 받고 왔어요.

没来过，我是电话咨询后过来的。

méi lái guò，wǒ shì diànhuà zīxún hòuguòláide

그럼 우선 고객상담카드 작성해주세요.

那请先填写顾客咨询卡。

nà qǐng xiān tiánxiě gùkè zīxúnkǎ

네, 빨간색으로 체크한 부분만 하면 되죠?

好，只填写红色标记的部分就可以吧？

hǎo，zhǐ tiánxiě hóngsè biāojì de bùfèn jiù kěyǐ ba?

☑ CHECKLIST

1	2	3	4	5

10분 뒤에 자리로 안내해드릴게요.

十分钟后我会带您到位置那儿去。

shí fēn zhōng hòu wǒ huì dài nín dào wèi zhì nàer qù

알겠습니다.

好的。

hǎode

호명할 때까지 잠시만 앉아서 기다려 주십시오.

请在这稍等一下，一会儿会叫到您的名字。

qǐng zài zhè shāo děng yíxià，yíhuìr huì jiào dào nín de míngzì

네. 고객카드 작성했어요.

好的。顾客咨询卡我写完了。

hǎo de. gù ke zīxún kǎ wǒ xiě wán le

고객님 피부 측정 해드릴게요.

我给您做皮肤检测。

wǒ gěi nín zuò pífū jiǎncè

지금 화장한 상태인데 괜찮아요?

我化妆了，没关系吗？

wǒ huàzhuārgle，méiguānxì ma?

고객님에게 맞는 제품을 추천해드릴게요.

我给您推荐适合您的产品。

wǒ gěi nín tuījiàn shìhé nín de chǎnpǐn

제 피부에 맞는 제품으로 추천해 주세요.

请给我推荐适合我皮肤的产品。

qǐng gěi wǒ tuījiàn shìhé wǒ pífū de chǎnpǐn

제품 설명서 드릴게요.

给您产品说明书。

gěi nín chǎnpǐn shuō míng shū

혹시 시술 설명서와 가격표도 있나요?

请问也有手术说明书和价格单吗？

qǐngwèn yěyǒu shǒushù shuō míng shū hé jià gé dān ma?

여기 외국어로 된 설명서 드릴게요.

给您翻译成外语的说明书。

gěi nín fānyì chéng wài yǔ de shuō míng shū

친구에게 선물하기 좋은 제품을 추천해주세요.

我想送给朋友礼物，请给我推荐一下产品。

wǒ xiǎng sòng gěi péngyǒu lǐ wù，qǐng gěi wǒ tuījiàn yíxià chǎnpǐn

☑ CHECKLIST

1	2	3	4	5

요즘 한국에서 이 제품이 유행이에요.

这款产品最近在韩国很流行。

zhè kuǎn chǎnpǐn zuìjìn zài hánguó hěn liúxíng

유기농 제품 있나요?

有有机产品吗？

yǒu yǒujī chǎnpǐn ma?

네, 여기 있습니다. 친구분 나이가 어떻게 되나요?

是的，这里有。您的朋友多大年纪？

shì de，zhè lǐ yǒu. nín de péngyǒu duōdà niánjì?

20대 대학생이에요.

是二十多岁的大学生。

shì èrshí duō suì de dàxuéshēng

색조 화장품을 선물해주면 좋아해요.

送彩妆产品会比较合适。

sòng cǎi zhuāng chǎnpǐn huì bǐjiào héshì

봄 신상품 쿠션팩트하고, 립스틱도 하나 주세요.

请给我一个春季新品气垫粉，还有一支口红吧。

qǐng gěi wǒ yígè chūn jì xīn pǐn qì diàn fěn，hái yǒu yìzhī kǒu hóng ba

☑ CHECKLIST				
1	2	3	4	5

네, 볼륨감 있는 핑크색 틴트로 보여 줄게요.

我给您看一下有丰盈感的粉色唇彩。

wǒ gěi nín kàn yíxià yǒu fēngyíng gǎn de fěnsè chúncǎi

감사합니다. 예쁘게 포장해 주세요.

谢谢。请帮我包装的漂亮一些。

xièxie. qǐng bāng wǒ bāo zhuāng de piào liàng yìxiē

기다려 주셔서 감사합니다. 안녕히 가세요.

您久等了，谢谢! 请慢走。

nín jiǔ děngle，xièxie. qǐng màn zǒu

제가 다음에 또 올게요.

下次我再来。

xià cì wǒ zàilái

04 Q & A (결제 상담)

☑ CHECKLIST				
1	2	3	4	5

고객님, 더 필요하신 거 있으세요?

您还有其他需要的吗？

nín hái yǒu cítā xūyào de ma?

아니요, 총 얼마예요?

没有了，总共多少钱？

méiyǒule，zčng gòng duō shǎo qián?

할인해서 53,000원 입니다.

打折后，韩币五万三千。

dǎ zhé hòu, hán bì wǔ wàn sān qiān

카드도 되나요?

可以刷卡吗?

kěyǐ shuākǎ ma?

부가세 10%가 붙습니다.

如果您刷卡，要加百分之十的附加税。

rúguǒ nín shuā kǎ, yào jiā bǎi fēn zhī shí de fù jiā shuì

좀 깎아주세요.

便宜点吧。

pián yi diǎn ba

☑ CHECKLIST				
1	2	3	4	5

세금 포함 총 60,000원입니다.

包括税金在内，总共是60,000韩元。

bāokuò shuìjīn zài nèi，zǒnggòng shì liù wàn hányuán

현금으로 할게요.

我用现金结算。

wǒ yòng xiànjīn jiésuàn

이것도 같이 계산해 주세요.

这个也请一起算一下。

zhè geyě qǐng yìqǐ suàn yíxià

여기 거스름돈 5,000원입니다.

这是找您的5,000韩元。

zhè shì zhǎo nín de wǔqiān hányuán

감사합니다. 수고 많으셨어요.

谢谢! 辛苦了。

xièxie! xīnkǔle

05 숫자

CHECKLIST				
1	2	3	4	5

yī	èr	sān	sì	wǔ	liù	qī	bā	jiǔ	shí
1 一	2 二	3 三	4 四	5 五	6 六	7 七	8 八	9 九	10 十

				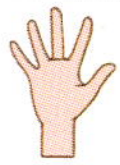
1	2	3	4	5
一	二	三	四	五
이 [yī]	얼 [èr]	싼 [sān]	쓰 [sì]	우 [wǔ]

6	7	8	9	10
六	七	八	九	十
리우 [liù]	치 [qī]	빠 [bā]	지오우 [jiǔ]	스 [shí]
0	100	200	1000	10000
零	一百	两百	一千	一万
링 [líng]	이바이 [yìbǎi]	량바이 [liǎngbǎi]	이치엔 [yìqiān]	이완 [yíwàn]

* 숫자 + 左右 [zuǒyòu 정도] : 다략의 수를 나타낸다.

■ **단위**

mm	nm	cm	g	kg	inch	size
毫米 háomǐ	纳米 nàmǐ	公分 gōngfēn 厘米 límǐ	克 kè	千克 qiānkè 公斤 gōngjīn	寸 cùn	尺寸 chǐcun

앎은 자유입니다.

知道是自由。
zhīdào shì zìyóu

/

고미숙 고전평론가

PART

03

/

TELEPHONE CONSULTATION

전화상담

핵심단어

응용문장

Q & A

Q & A(부재 시 상담)

장소 명칭

유명 화장품 브랜드

중국 화장품 브랜드

01 핵심단어

호텔	酒店	jiǔdiàn
전철역	地铁站	dìtiězhàn
버스정거장	公交车站	gōngjiāochēzhàn
신사동 가로수길	新沙洞林荫道	xīnshādònglínyīndào
한강	汉江	hànjiāng
영화관	电影院	diànyǐngyuàn
바로 옆에	就在旁边	jiùzàipángbiān
오른쪽	右边	yòubiān
왼쪽	左边	zuǒbiān
직진	向前直走	xiàngqiánzhízǒu
우회전	右拐	yòuguǎi
좌회전	左拐	zuǒguǎi
건너편	街对面	jiēduìmiàn
맞은편	对面	duìmiàn
잡음	杂音	záyīn
다이얼	号码盘	hàomǎpán
지름길	近道	jìndào
횡단보도	人行横道	rénxínghéngdào
지하도	地下道	dìxiàdào
인도	人行道	rénxíngdào
대로, 큰길	马路	mǎlù
터널	隧道	suìdào
육교	天桥	tiānqiáo
차도	车道	chēdào
교통체증	堵塞	dǔsè
신호등	红绿灯	hónglǜdēng
시내	市内	shìnèi

CHECKLIST

1	2	3	4	5

교회	教堂	jiàotáng
절	寺庙	sìmiào
호수	湖	hú
산	山	shān
야외	野外	yěwài
계곡	溪谷	xīgǔ
땅	土地	tǔdì
개	狗 / 犬	gǒu / quǎn
고양이	猫	māo
주유소	加油站	jiāyóuzhàn
종점	终点站	zhōngdiǎnzhàn
관광버스	游览车	yóulǎnchē
구급차	救护车	jiùhùchē
소방차	消防车	xiāofángchē
재작년	前年	qiánnián
내년	明年	míngnián
내후년	后年	hòunián
하루종일	整天	zhěngtiān
매주	每星期	měixīngqī
한밤중	半夜	bànyè

02 응용문장

✔ 여보세요, 안녕하세요, 김동우씨입니까?

喂，您好，金東禹先生吗？

wèi，nín hǎo，jīn dōng yǔ xiānsheng ma?

✔ 누구를 찾으세요?

您找谁？

nín zhǎo shéi?

✔ 여기 위치를 알려주시겠습니까?

能告诉我这的位置吗？

néng gàosu wǒ zhè de wèizhì ma?

✔ 여기는 강남역 11번 출구에서 쭉 직진하면 바로 보입니다.

从江南站十一号口出来，直走就能看到这里。

cóng jiāng nán zhàn shí yī hào kǒu chū lái，zhí zǒu jiù néng kàn dào zhè lǐ

✔ 저희는 명동역 근처에 맞은 편에 있습니다.

我们在明洞站附近街对面。

wǒmen zài míng dòng zhàn fùjìn jiē duì miàn

✔ 직진 후에 왼쪽(오른쪽)으로 꺾으면 있습니다.

往前直走，然后往左(右)拐就是。

wǎng qián zhí zǒu，ránhòu wǎng zuǒ(yòu) guǎi jiùshì

✔ 중국어 할 줄 아세요?

您会不会说汉语？

nín huì bú huì shuō hànyǔ?

☑ CHECKLIST				
1	2	3	4	5

✔ 한국어를 알아들어요.

我听得懂韩语。

wǒ tīng dé dǒng hányǔ

✔ 죄송하지만, 못 들었어요.

对不起，听不清楚了。

duì bu qǐ，tīng bù qīngchǔ le

✔ 다시 말씀해 주시겠어요?

您能再说一遍吗？

nín néng zài shuō yíbiàn ma?

✔ 무슨 일이세요? 이렇게 급하게!

您怎么了？ 这么着急！

nín zěn me le? zhè me zhao jí !

✔ 몇 번으로 걸었습니까?

您打的电话是多少号？

nín dǎ de diànhuà shì duō shǎo hào?

✔ 말씀하십시오.

请讲。

qǐng jiǎng

✔ 345번으로 돌려(연결) 주세요.

请转(接)三四五。

qǐng zhuǎn(jiē) sān sì wǔ

✔ 저는 한국 핸드폰이 없어요.

我没有韩国的手机。

wǒ méi yǒu hánguó de shǒu jī

✔ 당신은 언제 귀국하세요?

您什么时候回国？

nín shénme shíhòu huíguó?

✔ 실례지만 모두 몇 명이세요?

请问，你们一共几位？

qǐngwèn，nǐ men yígòng jǐ wèi?

✔ 저는 당신의 말을 알아들었어요.

我听懂了您的话。

wǒ tīng dǒngle nín de huà

✔ 당신은 며칠 동안 머무를 겁니까?

您要住几天？

nín yào zhù jǐ tiān?

✔ 여기에서 아주 가까워요.

离这儿非常近。

lí zhèr fēi cháng jìn

✔ 퇴근시간까지 아직 한 시간 남았어요.

离下班时间还有一个小时。

lí xiàbān shíjiān hái yǒu yígè xiǎoshí

☑ CHECKLIST				
1	2	3	4	5

✔ 전화가 갑자기 끊어졌어요.

电话突然被挂断了。

diàn huà tū rán bèi guà duàn le

✔ 지금 다른 전화를 받고 있습니다.

她正接另一部电话呢。

tā zhèng jiē lìng yí bù diànhuà ne

✔ 상대방의 말소리가 안 들려요.

听不见对方的说话。

tīng bú jiàn duì fāng de shuō huà

✔ 전화를 세 번 했는데 모두 받지 않네요.

我给您打了三次电话，都没接。

wǒ gěi nín dǎ le sāncì diànhuà，dōu méi jiē.

✔ 점심 시간은 얼마나 됩니까?

你们午休多长时间？

nǐ men wǔxiū duōchángshíjiān?

✔ 이 지도 어디에 있습니까?

在这个地图的哪个位置？

zài zhège dìtú de nǎge wèizhì?

✔ 내일은 좀 일찍 오세요.

明天早一点儿来吧。

míngtiān zǎo yìdiǎnr lái ba

☑ CHECKLIST				
1	2	3	4	5

✔ 1시 반에 예약한 김관영입니다.

一点半钟预约的金宽荣。

yì diǎn bàn zhōng yù yuē de jīn kuān róng

✔ 미안합니다. 예약을 취소하고 싶습니다.

对不起。我想取消预订。

duìbuqǐ wǒ xiǎng qǔxiāo yùdìng

✔ 신속하게 도와드리지 못해 죄송합니다.

未能及时帮忙, 真是对不起。

wèi néng jí shí bāng máng zhēn shi duìbuqǐ

03 Q & A

☑ CHECKLIST				
1	2	3	4	5

안녕하세요. 무엇을 도와드릴까요?

您好。您需要什么帮助？

nín hǎo. nín xūyào shénme bāngzhù?

내일 예약하려고 합니다.

我想预约明天。

wǒ xiǎng yùyuē míng tiān

고객님, 몇 시게 예약해드릴까요?

请问给您预约几点？

qǐngwèn gěi nín yùyuē jǐ diǎn?

실례지만 몇 시에 문을 닫나요?

请问您那几点关门？

qǐngwèn nín nà jǐ diǎn guānmén?

저녁 9시에 마감합니다.

我们晚上九点关门。

wǒmen wǎn shàng jiǔ diǎn guānmén

보통 몇시에 문 열어요?

一般几点开门?

yì bān jǐ diǎn kāi mén?

그럼 저녁 7시에 예약 가능한가요?

那我预约七点可以吗？

nà wǒ yùyuē qī diǎn kěyǐ ma?

7시에는 예약이 다 찼습니다.

七点钟的已经预约满了。

qī diǎn zhōng de yǐjīng yùyuē mǎnle

6시는 어떠세요?

六点怎么样?

liù diǎn zěnme yàng?

네, 가능합니다.

好的，可以。

hǎo de，kěyǐ

여기는 어디에 있습니까?

这个地方在哪儿?

zhège dìfāng zài nǎr

제가 외국인이라서 정확한 위치를 잘 몰라서요.

我是外国人，不知道那正确的位置。

wǒ shì wài guó rén，bùzhīdào nà zhèng què de wèi zhì

☑ CHECKLIST

1	2	3	4	5

지금 국제전화예요?

现在是不是国际电话？

xiànzài shì bú shì guó jì diànhuà?

아니요, 서울이예요.

不是，这是首尔。

búshì，zhè shì shǒuěr

얼마나 머무르십니까?

滞留多长时间？

zhì liú duō cháng shíjiān?

2~3주간 머물 예정입니다.

我打算住两三个星期。

wǒ dǎsuàn zhù liǎng sān gè xīng qī

교통수단은 무엇을 이용하시나요?

您使用哪种交通工具？

nín shǐ yòng nǎ zhǒng jiāo tōng gōng jù?

택시요(kakao 택시).

打出租车(可可出租车)。

dǎ chū zū chē(kěkě chū zū chē)

명동 신세계 백화점 3층으로 오시면 됩니다.

我们的位置在明洞新世界百货的三楼。

wǒmen de wèizhì zài míng dòng xīn shì jiè bǎi huò de sān lóu

혹시 모르니, 주소는 문자로 보내드리겠습니다.

怕您到时候找不到，我把地址用短信发给您。

pà nín dào shíhòu zhǎo bú dào，wǒ bǎ dì zhǐ yòng duǎn xìn fā gěi nín

거기까지 어느 정도 시간이 걸립니까?

到那里得多长时间？

dào nàlǐ děi duō cháng shí jiān?

그리 멀지는 않아요. 대략 30분 정도 걸려요.

不太远。大概需要三十分左右。

bú tài yuǎn。dàgài xūyào sānshí fēn zuǒ yòu.

차를 타는 게 좋겠네요.

我最好坐车。

wǒ zuì hǎo zuòchē

생년월일이 어떻게 되세요?

您的出生年月呢？

nín de chū shēng nián yuè ne?

☑ CHECKLIST

1	2	3	4	5

80년 10월 20일 입니다.

我是八零年十月二十日。

wǒ shì bā líng nián shí yuè èr shí rì

한국에 온 게 몇 번째죠?

这是您第几次来韩国的？

zhè shì nín dì jǐ cì lái hánguó de?

처음 왔어요.

我是第一次来的。

wǒ shì dì yícì láide

한국 가이드는 있나요?

有韩国导游吗？

yǒu hánguó dǎo yóu ma?

아직 없습니다. 그래서 좀 불편해요.

还没有。所以我有点儿不方便。

hái méiyǒu. suǒyǐ wǒ yǒudiǎnr bù fāng biàn

너무 걱정하지 마세요! 제 시간에 맞게 도착할게요.

请不要太担心！我会及时到达那里。

qǐng búyào tài dānxīn wǒ huì jí shí dàodá nà lǐ

04 Q & A (부재 시 상담)

☑ CHECKLIST				
1	2	3	4	5

선생님, 어느 분을 찾으시나요? 제가 도와드릴까요?

先生，您找哪一位？需要我帮忙吗？

xiānshēng nín zhǎo nǎ yíwèi? xūyào wǒ bāngmáng ma?

김원장님 좀 바꿔주세요.

请让金院长接电话。

qǐng ràng jīn yuànzhǎng jiē diànhuà

오늘 자리에 안 계세요.

今天金先生没有上班。

Jīntiān jīn xiānshēng méiyǒu shàngbān

메시지를 남기시겠어요?

您要不要留言？

nín yào bú yào liú yán?

아니오, 나중에 다시 걸게요.

不要，下次后我再给他打电话。

búyào，xiàcìhòu wǒ zài gěi tā dǎ diànhuà

05 장소 명칭

CHECKLIST

1	2	3	4	5

초등학교	小学	xiǎoxué
중학교	初级中学	chūjízhōngxué
고등학교	高级中学	gāojízhōngxué
대학교	大学	dàxué
인천국제공항	仁川国际机场	rénchuānguójìjīchǎng
병원	医院	yīyuàn
약국	药店	yàodiàn
경찰서	警局	jǐngjú
백화점	百货商店	bǎihuòshāngdiàn
은행	银行	yínháng
현금 인출기	自动提款机	zìdòngtíkuǎnjī
버스정류장	公共汽车站	gōnggòngqìchēzhàn
커피숍	咖啡厅	kāfēitīng
음식점	餐馆	cānguǎn
스타벅스	星巴克	xīngbākè
맥도날드	麦当劳	màidāngláo

06 유명 화장품 브랜드

LOGO	브랜드명	중국어
The history of 后	후	后 [hòu]
Sulwhasoo	설화수 Sulwhasoo	雪花秀 [xuěhuāxiù]
LANEIGE	라네즈 LANEIGE	兰芝 [lánzhī]
HERA	헤라 HERA	赫拉 [hèlā]
su:m37°	숨 su:M	苏秘 [sūmì]
innisfree	이니스프리 innisfree	悦诗风吟 [yuèshīfēngyín]
It'S SKIN	잇츠스킨 it's skin	伊思 [yīsī]
MEDIHEAL	메디힐 MEDIHEAL	美迪惠尔 [měidíhuìěr]
Dr.Jart+	닥터자르트 Dr.Jart+	蒂佳婷 [dìjiātíng]

LOGO	브랜드명	중국어
ETUDE HOUSE	에뛰드하우스 ETUDE HOUSE	伊蒂之屋 [yīdìzhīwū]
ReFa	리파 Refa	黎珐 [lífà]
YVES SAINT LAURENT	입생로랑 Yves Saint Laurent	圣罗兰 [shèngluólán]
BIOSILK SILK THERAPY®	실크테라피 silk therapy	丝丽诺妃 [sīlìnuòfēi]
CLIO PROFESSIONAL	클리오 CLIO	珂莱欧 [kēláiōu]
banila co.	바닐라코 Banila co	芭妮兰 [bānīlán]
eSpoir	에스쁘아 Espoir	艾丝珀 [àisīpò]
THE FACE SHOP NATURAL STORY	더페이스샵 THE FACESHOP	菲诗小铺 [fēishīxiǎopù]
MISSHA	미샤 MISSHA	谜尚 [míshàng]

LOGO	브랜드명	중국어
TONYMOLY	토니모리 TONY MOLY	托尼魅力 [tuōnímèilì]
SKINFOOD since 1957	스킨푸드 SKIN FOOD	思亲肤 [sīqīnfū]
NATURE REPUBLIC	네이처리퍼블릭 Nature Republic	自然乐园 [zìránlèyuán]
O HUI	오휘 O HUI	欧惠 [ōuhuì]
CHANEL	샤넬 chanel	香奈儿 [xiāngnài'er]
LANCÔME PARIS	랑콤 Lancome	兰蔻 [lánkòu]
L'ORÉAL	로레알 L'Oréal	欧莱雅 [Ōuláiyǎ]
AHC	에이에이치씨 A.H.C	爱和纯 [àihéchún]
다나한 自然韓方	다나한	多娜娴 [duōnàxián]

07 중국 화장품 브랜드

LOGO	브랜드명	중국어
百雀羚	바이차오링	百雀羚 [bǎiquèlíng]
CHANDO 自然堂	쯔란탕	自然堂 [zìrántáng]
相宜本草 INOHERB	샹이차오	相宜本草 [xiāngyíběncǎo]
KANS 韩束	한수	韩束 [hánshù]
佰草集 HERBORIST	바이차오지	佰草集 [bǎicǎojí]
Dabao	따바오	大宝 [dàbǎo]
Longrich	롱리치	隆力奇 [lónglìqí]
AVON the company for women	야팡	雅芳 [yǎfāng]
蒙妮坦 monita	멍니탄	蒙妮坦 [méngnītǎn]

내가 배우는 목적은 나를 표현하기 위해서다.

我所学的目的就是表达自己。
wǒ suǒ xué de mùdì jiùshì biǎodá zìjǐ

/

최진석

PART

04

/

SKIN CARE COSMETICS

기초화장품

핵심단어

응용문장

Q & A

기초화장품 종류

코스메틱 피부 유형

피부모식도 皮肤的模式图

❶ 모간 Hair shaft
毛干 [máo gān]
❷ 진피유두 Dermal papilae
真皮乳头 [zhēn pí rǔ tóu]
❸ 자유신경종말 Free nerve endign
自由神经末梢 [zì yóu shén jīng mò shāo]
❹ 피지선 Sebaceous(oil) gland
皮脂腺 [pí zhī xiàn]
❺ 감각신경섬유 Sensory nerve fiber
感官神经纤维 [gǎn guān shén jīng xiān wéi]
❻ 입모근 Arrector pili muscle
竖毛肌 [shù máo jī]
❼ 모낭 Hair follicle
毛囊 [máo náng]
❽ 모근 Hair root
头发根 [tóu fà gēn]
❾ 동맥 Artery
动脉 [dòng mài]
❿ 정맥 Vein
静脉 [jìng mài]
⓫ 층판소체 Pacinian corpuscle
帕西尼氏小体 [pà xī ní shì xiǎo tǐ]
⓬ 촉각소체 Meissner's corpuscle
触觉小体 [chù jué xiǎo tǐ]
⓭ 한공(땀구멍) Sweat pore
汗腺孔 [hàn xiàn kǒng]
⓮ 각질층 Stratum comeum
角质层 [jiǎo zhì céng]
⓯ 투명층 Stratum lucidum
透明层 [tòu míng céng]
⓰ 과립층 Stratum granulosum
颗粒层 [kē lì céng]
⓱ 종지층(유극층 기저층)
Stratum germinativum
生发层 [shēng fà céng]
(⓮–⓱) 표피 Epidermis
表皮 [biǎopí]
⓲ 유두층 Papillary layer
乳头层 [rǔ tóu céng]
⓳ 망상층 Reticular layer
网状层 [wǎng zhuàng céng]
(⓲–⓳) 진피 Dermis
真皮 [zhēnpí]
⓴ 피하지방조직(천극막) Hypodermis(superficial fascia)
皮下脂肪组织 [pí xià zhī fáng zǔ zhī] /
浅筋膜 [qiǎn jīn mó]
㉑ 에크린선(한선) Eccrine sweat gland
外泌汗腺 [wài mì hàn xià]
㉒ 지방조직 Adipose tissue
脂肪组织 [zhī fáng zǔ zhī]
㉓ 모근신경총 Root hair plexus
发根神经层 [fā gēn shén jīng céng]

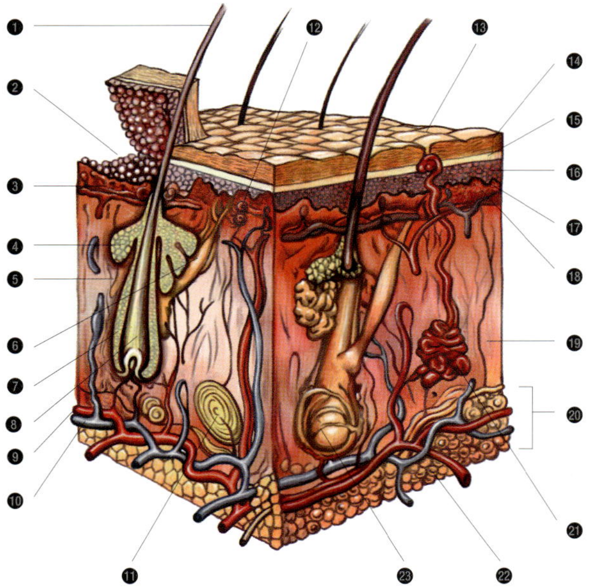

01 핵심단어

☑ CHECKLIST				
1	2	3	4	5

표피	表皮	biǎopí
진피	真皮	zhēnpí
피하지방	皮下脂肪	píxiàzhīfáng
한선	汗腺	hànxiàn
피지선	皮脂腺	pízhīxiàn
콜라겐	胶原蛋白	jiāoyuándànbái
엘라스틴	弹性蛋白	tánxìngdànbái
기질	气质	qìzhì
멜라닌색소	黑色素	hēisèsù
각질형성세포	角质形成细胞	jiǎozhìxíngchéngxìbāo
피부장벽	皮肤屏障	pífūpíngzhàng
세라마이드	神经酰胺	shénjīngxiānàn
각질세포간지질	角质形成细胞脂质	jiǎozhìxíngchéngxìbāozhīzhì
아미노산	氨基酸	ānjīsuān
천연보습인자	天然保湿因子	tiānránbǎoshīyīnzǐ
약산성 PH	弱酸性PH	ruòsuānxìngPH
패치 테스트(Patch test)	斑片试验	bānpiànshìyàn
신경	神经	shénjīng
다크서클	黑眼圈	hēiyǎnquān
각질	角质	jiǎozhì
여드름	青春痘	qīngchūndòu
주름	皱纹	zhòuwén
아토피 피부염	遗传过敏性皮炎	yíchuánguòmǐnxìngpíyán
염증성 여드름	炎症性痤疮	yánzhèngxìngcuóchuāng
습진	湿疹	shīzhěn
오일 컨트롤 로션	控油妆前乳	kòngyóuzhuāngqiánrǔ
화장품 브랜드	化妆品品牌	huàzhuāngpǐnpǐnpái
인기상품	畅销货	chàngxiāohuò

02 응용문장

✔ 모든 피부타입에 사용하는 제품입니다.

这是适合所有肌肤类型的产品。

zhè shì shìhé suǒyǒu jī fū lèi xíng de chǎn pǐn

✔ 원을 그리듯이 부드럽게 두드리며 펴 발라줍니다.

像画圆似的边轻拍边均匀涂抹。

xiàng huà yuán sì de biān qīng pāi biān jūn yún tú mǒ

✔ 이 제품은 어떤 효과가 있나요?

这个产品有什么效果?

zhège chǎnpǐn yǒu shén me xiàoguǒ?

✔ 겨울철에는 각질이 많이 일어나요.

肌肤在冬季经常会出现角质。

jī fū zài dōng jì jīngcháng huì chūxiàn jiǎozhì

✔ 피부가 계절에 상관없이 건조하고 푸석푸석해요.

肌肤不论任何季节都很干燥、干枯。

jī fū búlùn rèn hé jì jiē dōu hěn gān zào、gān kū

✔ 다크서클이 심해요.

黑眼圈很严重。

hēi yǎnquān hěn yán zhòng

✔ 예전보다 얼굴빛이 칙칙해진 것 같아요.

比起以前脸色似乎变得暗淡了。

bǐ qǐ yǐ qián liǎn sè sì hū biàn de àn dàn le

☑ CHECKLIST				
1	2	3	4	5

✔ 피부 윤기가 없어요. 물광제품 있나요?

肌肤没有光泽。有水光产品吗?

jīfū méiyǒu guāng zé。yǒu shuǐ guāng chǎnpǐn ma?

✔ 마스크팩 후 보습크림을 발라주시면 좋아요.

敷完面膜后涂抹保湿霜会很好。

fū wán miànmó hòu tú mǒ bǎoshī shuāng huì hěnhǎo

✔ T존은 뾰루지가 잘 생기지만, U존은 건조한 복합성 피부예요.

虽然T区容易长疖子，但U区是干燥的混合肤质。

suīrán T qū róngyì zhǎng jiēzǐ，dàn U qū shì gān zào de hún hé fū zhì

✔ 모공이 커서 고민이예요.

因为毛孔大，很苦恼。

yīnwéi máokǒng dà，hěn kǔ nǎo

✔ 피부가 얼룩덜룩 색소침착이 생겼네요.

肌肤产生了色素沉着。

jīfū chǎnshēng le sèsù chén zhuó

✔ 무향, 무취, 무알코올 저자극 제품 있나요?

有无香，无味，无酒精的低刺激产品吗？

yǒu wú xiāng，wú wèi，wú jiǔ jīng de dī cìjī chǎnpǐn ma？

✔ 피부에 트러블(여드름, 두드러기, 비립종)이 쉽게 발생해요.

肌肤容易出现问题(痘痘，皮疹，粟粒疹)。

jīfū róngyì chūxiàn wèntí(dòudòu，pízhěn，sùlìzhěn)

✔ 코에 블랙헤드, 화이트헤드가 많아요.

鼻子上有很多黑头和白头。

bízi shàng yǒu hěnduō hēitóu hé báitóu

✔ 자외선차단제는 꼭 발라줘야 해요.

必须要涂抹防晒霜。

bì xū yào tú mǒ fáng shài shuāng

✔ 이 제품은 수분 2종 기획세트입니다.

这个产品是补水两种企划套装。

zhè gè chǎnpǐn shì bǔ shuǐ liǎng zhǒng qǐ huá tào zhuāng

✔ AHA, 비타민 C 이들 제품은 모두 산성도가 높아 기본적으로 피부에 자극을 유발하기 쉽습니다.

AHA、维生素C这些产品的酸性都很高，容易引起刺激。

AHA、wéi shēng sù C zhè xiē chǎnpǐn de suān xìng dōu hěngāo，róng yì yǐn qǐ cì jī

✔ 스파츌라로 적당량을 덜어, 약지 손가락으로 마사지 해주세요.

用抹刀取适量本产品，然后用无名指按摩。

yòng mǒdāo qǔ shì liàng běn chǎnpǐn，ránhòu yòng wú míng zhǐ àn mó

✔ 자외선 차단, 주름 개선, 미백의 3종 기능성 인증 제품입니다.

这是一款隔离紫外线加改善皱纹加美白三种功能性认证产品。

zhèshì yī kuǎn gé lí zǐ wài xiàn jiā gǎishàn zhòuwén jiā měi bái sān zhǒng gōng néng xìng rèn zhèng chǎnpǐn

✔ 강력한 항산화제 제품은 손상된 피부의 회복을 도와줍니다.

强力抗氧化剂产品能帮助受损肌肤恢复。

qiáng lì kàng yǎng huà jì chǎnpǐn néng bāng zhù shòu sǔn jī fū huī fù

☑ CHECKLIST				
1	2	3	4	5

✔ 여드름은 염증질환이기 때문에 이를 악화시키는 성분을 사용한다면 여드름을 해결하기 어려워집니다.

面疱是因为有炎症，如果使用了使其恶化的成分，痘痘就很难被治愈。

miànpào shì yīn wéi yòu yán zhèng，rúguǒ shǐ yòng le shǐ qí è huà de chéng fèn，dòu dòu jiù hěn nán bèi zhì yù

✔ 여드름 피부는 여드름 전용 제품을 사용하셔야 합니다.

痤疮肌肤要使用痘痘专用产品。

cuó chuāng jīfū yào shǐ yòng dòu dòu zhuān yòng chǎnpǐn

✔ 제품 안에 설명서에 주의사항이 자세히 적혀 있습니다.

产品内的说明书详细记载了注意事项。

chǎnpǐn nèi de shuō míng shū xiáng xì jì zǎi le zhù yì shì xiàng

03 Q & A

안녕하세요 고객님, 찾으시는 제품 있으세요?

您好，请问您有什么需要的产品吗？

nínhǎo，qǐngwèn nín yǒu shén me xūyào de chǎnpǐn ma？

전지현이 광고하는 보습크림 있나요?

有全智贤做广告的保湿霜吗？

yǒu quánzhìxián zuò guǎng gào de bǎo shī shuāng ma？

고객님 이 제품 말고 새로 나온 제품을 추천해드릴게요.

比起这款产品，我更想给您推荐一下我们新出的产品。

bǐ qǐ zhè kuǎn chǎnpǐn，wǒ gèng xiǎng gěi nín tuī jiàn yíxià wǒmen xīn chū de chǎnpǐn

네, 한번 테스트해볼게요.

好，给我试一下吧。

hǎo，gěi wǒ shì yíxià ba

보습제품도 중요하지만 세안법도 중요해요.

虽然保湿产品很重要，但洗脸方法也很重要。

suī rán bǎo shī chǎnpǐn hěn zhòng yào，dàn xǐ liǎn fāng fǎ yě hěn zhòng yào

그럼 제 피부는 어떤 클렌징 제품이 좋은가요?

那我的肌肤用什么样的洗面奶好呢？

nà wǒ de jī fū yòng shén me yàng de xǐ miàn nǎi hǎo ne?

☑ CHECKLIST

1	2	3	4	5

고객님은 민감성 피부이므로 피부 자극을 최소화해야 합니다.

您的皮肤属于敏感类型，尽量减少肌肤刺激。

nín de pífū shǔyú mǐngǎn lèixíng, jǐnliàng jiǎnshǎo jīfū cìjī

맞아요. 세안 후 볼 부위가 많이 당겨요.

是的，我洗脸后脸颊部位很紧绷。

shì de，wǒ xǐ liǎn hòu liǎn jiá bù wèi hěn jǐn bēng

여드름 전용 자외선차단제 있나요?

有青春痘专用防晒霜吗？

yǒu qīng chūn dòu zhuān yòng fáng shài shuāng ma？

네, 남성 전용 제품도 있습니다.

是的，也有男性专用产品。

shì de，yěyǒu nán xìng zhuān yòng chǎnpǐn

그리고요, 각질제거제 사용할 때 주의사항이 있나요?

还有，在用去角质产品时有没有什么注意事项吗？

háiyǒu，zài yòng qù jiǎo zhì chǎnpǐn shí yǒu méi yǒu shén me zhù yì shì xiàng ma？

민감성피부는 저자극 각질제거제를 사용해야 합니다.

敏感性皮肤需要使用低刺激性的去角质产品。

mǐn gǎn xìng pífū xūyào shǐyòng dī cì jī xìng de qù jiǎo zhì chǎnpǐn

제품 유통기한은 언제까지예요?

产品的有效期到什么时候？

chǎnpǐn de yǒu xiào qī dào shén me shí hòu？

제품 유통기한은 개봉 전 36개월, 개봉 후 12개월입니다.

产品保质期为开封前三十六个月，开封后十二个月。

chǎnpǐn bǎozhìqī wéi kāifēng qián sānshíliù gè yuè，kāifēng hòu shí èr gè yuè

각질이 일어났는데 어떤 제품을 사용해야 하나요?

脸上起了很多角质，需要用哪种产品？

liǎn shàng qǐ le hěn duō jiǎo zhì，xū yào yòng nǎ zhǒng chǎnpǐn?

가벼운 필링으로 각질층을 정돈한 다음 보습제로 피부를 보호해주세요.

用轻柔的去角质产品整理角质，然后用保湿产品保护肌肤。

yòng qīng róu de qù jiǎo zhì chǎnpǐn zhěnglǐ jiǎozhì，ránhòu yòng bǎoshī chǎnpǐn bǎohù jī fū

미스트는 어떤 제품이 좋나요?

喷雾有什么比较好的产品？

pēnwù yǒu shén me bǐ jiào hǎo de chǎnpǐn？

☑ CHECKLIST

1	2	3	4	5

보습 성분을 함유하고 'PH가 약산성'인 제품이 좋아요.

含有保湿成分，'PH是弱酸性'的产品较好。

hányǒu bǎoshī chéngfèn，'PH shì ruò suān xìng' de chǎn pǐn jiào hǎo

최소한 3개월 이상 꾸준히 사용해야 합니다.

至少要持续使用三个月以上。

zhìshǎo yào chíxù shǐyòng sān gè yuè yǐ shàng

남성 제품 추천해 주세요.

请给我推荐一下男士产品。

qǐng gěi wǒ tuī jiàn yíxià nánshì chǎnpǐn

맨 올인원 에센스는 가장 인기 있는 제품입니다.

男士全效精华露是最畅销的产品。

nánshì quánxiào jīng huá lù shì zuì chàng xiāo de chǎnpǐn

제품의 효과는 언제 나타나요?

产品要用多久能有效果？

chǎnpǐn yào yòng duō jiǔ néng yǒu xiàoguǒ？

개인마다 차이가 있으나, 최소 6주에서 12주가 필요합니다.

因人而异，但一般至少需要六到十二周的时间。

yīn rén ér yì，dàn yìbān zhì shǎo xū yào liù dào shí èr zhōu de shí jiān

☑ CHECKLIST

1	2	3	4	5

피부가 예민해서 새로운 제품을 바르면 트러블이 나요.

皮肤敏感，涂上新的产品就会出问题。

pífū mǐngǎn，túshàng xīnde chǎnpǐn jiùhuì chū wèntí

그럼 제품 사용 전 패치 테스트를 해보시면 됩니다.

那使用前，先做一下产品斑片测试吧。

nà shǐ yòng qián，xiān zuò yíxià chǎnpǐn bān piàn cèshì ba

친절히 대해 주셔서 감사합니다.

谢谢您的热情招待。

xièxie nǐn de rè qíng zhāo dài

04 기초화장품 종류

■ 클렌징

미용 비누 美容皂	전신 사용 가능 가볍고 사용감이 좋으나 사용 후 피부가 건조해진다. 可用于全身 轻便、使用感好，但使用后肌肤干燥。
클렌징 로션 洁面乳	수분을 많이 함유하고 있어 피부에 부담이 적고 발림성이 좋으며 오일 배합량이 30~40% 정도 함유 富含水分，皮肤负担小，涂抹性较好，油调配量为30~40%
클렌징 크림 卸妆霜	오일 40~50% 정도 함유 짙은 메이크업 제거 시 사용하며 이중세안이 필요하다. 含有约40~50%的油。 用于卸除浓妆，需要双重洁面。
클렌징 폼 洗面奶	약산성-약알칼리성 중 목적에 맞는 제품을 선택해야 한다. 要在微酸性 - 弱碱性中根据使用目的选择合适的产品。
클렌징 오일 卸妆油	유분에 소량의 계면활성제, 에탄올 등을 배합한 것으로, 사용 후 피부가 촉촉해진다. 由少量油分的表面活性剂、酒精灯调配而成，使用后皮肤水润。
파우더 클렌져 粉洁面乳	피부에 자극이 적으며 사용이 간편하다. 对肌扶的刺激小，使用方便。
클렌징 워터 卸妆水	세정용 화장수, 비이온 계면활성제, 알코올, 보습제의 배합량이 많다. 清洁用化妆水，非离子表面活性剂、酒精、保湿剂的调配量多。
클렌징 젤 洁面凝胶	유분을 대량 배합한 유화 타입과 액정 타입은 세정력이 높고 산뜻함이 있다. 油分大量调配的油化类型和液晶类型，清洁力强， 具有清爽的感觉。

■ 각질 제거(딥클렌징)

KEY WORD	블랙헤드, 화이트헤드, AHA 필링 黑头粉刺，粟粒疹，果酸换肤。
스크럽 타입 磨砂膏类型	물리적 필링 효과 物理去角质效果。
파우더 타입 散粉类型	효소 성분을 함유한 파우더 제형으로 물과 믹스하여 거품을 내어 사용 含有酶成分的散粉剂型，用水冲出泡沫使用。
로션 & 액상 乳液&液态	AHA, BHA 성분(10% 이하)을 함유한 제품 含有AHA、BHA成分(10%以下)的产品。

■ 화장수

KEY WORD	2차 클렌징, 모공 축소, 진정 第2次清洁，收缩毛孔，镇定。
미네랄 화장수 矿物质化妆水	정제수 대신 바닷속 605m에서 끌어올린 미네랄이 풍부한 해양심층수로 이루어진 유액 用从水下六百五米获得的含有丰富矿物质的海洋深层水代替精制水制成的乳液。
수렴 화장수 收敛化妆水	이완된 피부를 수축시키면서 피지가 과잉 분비되는 것을 억제함으로써 산뜻한 감촉을 주며, 피부를 긴장시켜 탄력성을 높여 준다. 收缩松弛的肌肤，抑制皮脂分泌过剩， 使肌肤富有清爽的触感，令肌肤紧致、富有弹性。
미스트 喷雾	얼굴에 뿌리는 제품으로 20cm 떨어뜨린 후에 분사하는게 좋다. 用于脸部的产品，距离脸部二十厘米喷散效果最好。

■ 로션

KEY WORD	습윤제, 밀폐제, 유화물, 생리적 지질 혼합물 湿润剂，密闭剂，油化物，生理脂质混合物。
수분 로션 补水乳液	보습력으로 촉촉함을 유지하며 외부 유해 환경으로부터 피부를 보호한다. 具有保湿力，维持肌肤水分，保护肌肤不受外部有害环境的侵害。
ALL IN ONE **로션** 全效乳液	스킨, 로션, 에센스를 한번에 해결할 수 있는 화장품 一次性解决爽肤水、乳液、精华的化妆品。

■ 보습제

KEY WORD	피부밸런싱, 영양, 보습, 수분, 톤, 탄력/낮 & 밤 肌肤平衡、营养、保湿、补水、肤色、弹性/白天&夜晚。
에센스 精华液	피부 보습 및 노화 억제 효과를 갖는 고농축 성분을 함유 含具有肌肤保湿及抑制老化效果的高浓缩成分。
영양크림 营养霜	로션보다 유분과 유효성분들로 피부 문제점 개선 낮에 쓰는 데이크림, 밤에 쓰는 나이트 크림으로 구분 比起乳液，更多的是通过油分和有效成分改善肌肤问题 分为在白天使用的日霜和在夜间使用的晚霜。
줄기세포화장품 干细胞化妆品	줄기세포 배양액을 정제해서 얻어낸 물질을 화장품에 첨가한 제품 将从培养液里的干细胞中提炼出的物质添加到化妆品中。

■ 기능성 화장품

KEY WORD	재생능력, 항산화, 자외선, 아토피, 유기농 再生能力，抗氧化，紫外线，过敏性，有机化妆品。
주름개선 改善皱纹	피부의 재생능력을 강화시켜 노화를 방지하는 효과 强化肌肤再生能力，防止老化的效果。
미백 美白	색소침착과 항산화 작용을 막아 피부톤을 환하고, 밝게 해주는 효과 防止色素沉淀和抗氧化作用，令肤色透亮的效果。
자외선차단제 防晒产品	보습효과가 뛰어난 성분과 강한 자외선 아래에서도 피부를 보호해줄 수 있는 고밀도 밀착력을 가진 화장품 含有保湿效果卓越的成分，具有暴露在强紫外线下也可以保护肌肤的高贴肤力的化妆品。
Self-tanning 美黑	햇빛에 노출시키지 않아도 일정 시간 피부에 바르면 단기적으로 태닝 효과를 내는 화장품 即使不暴露在阳光下也能在一定期间内令肌肤展现晒黑效果的化妆品。
여드름 痤疮	Oil-free, Non-comedogenic, 피지 조절 기능을 갖는 제품 不含油脂，不会造成粉刺，具有皮脂调节功能的产品。
아토피 过敏性	아토피 증상은 심한 가려움증, 피부건조증, 습진을 동반하는 염증성 피부질환이다. 过敏性症状伴有严重瘙痒症、皮肤干燥症、湿疹的炎症性皮肤疾病。
유기농 有机农	화학비료나 농약을 최소 3년 이상 사용하지 않은 땅에서 퇴비나 유기질 퇴비로 경작한 식물을 원료로 만든 화장품 在至少三年以上没有使用化肥或杀虫剂的土地上，栽培的有机堆肥为植物原料制作成的化妆品。

■ 기타

마스크팩 面膜	피부를 감싸주거나 밀폐하여 기능에 따라 수분공급, 미백, 노화 방지, 리프팅, 진정 등의 다양한 기능을 갖추고 있다. 包裹或密封住肌肤，根据功能具有补水、美白、抗老化、提升、舒缓等的多种功能。
향수 香水	향료를 알코올 등에 녹여서 만든 액체 화장품 通过将香料溶于酒精等制成的液体化妆品。
아로마 디퓨져 (Aroma diffuser) 香熏精油	공기를 정화하고 불쾌한 냄새를 없애주며 좋은 향기를 제공하는 방향제 一种能净化空气并消除不快的气味，带来芬芳香气的芳香剂。

05 코스메틱 피부 유형

종 류	특 징
정상 피부 正常肌肤 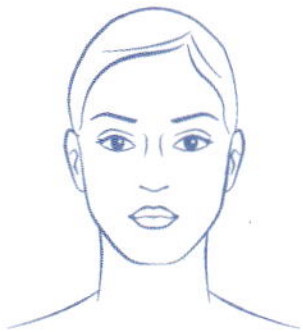 Normal skin	유 · 수분의 밸런스가 맞고, 피부결이 매끄럽고 탄력성이 좋다. 油 · 水分均衡 · 肌肤光滑、有弹性.
	히알루론산, 콜라겐, 엘라스틴 透明质酸、胶原蛋白、弹性蛋白
건성 피부 干性皮肤 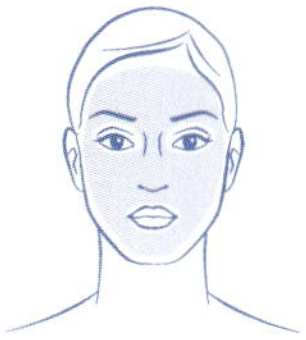 Dry skin	피지분비가 적고 피부 결이 약간 거칠다. 皮脂分泌少，皮肤稍粗糙。
	알로에, 세라마이드, 솔비톨, 아미노산 芦荟、胶原因子、山梨糖醇、氨基酸
민감성 피부 敏感性皮肤 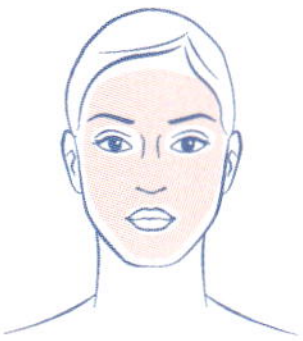 Sensitive skin	가벼운 자극에도 피부가 가렵거나 붉어진다. 即使轻微的刺激，肌肤也会发痒或变红。
	비타민(B_5, K, P), 알란토인, 카모마일 维生素(B_5, K, P)、尿囊素(Allantoin)、甘菊茶

SENSITIVITY DRYNESS OIL

종 류	특 징
지성 피부 油性肌肤 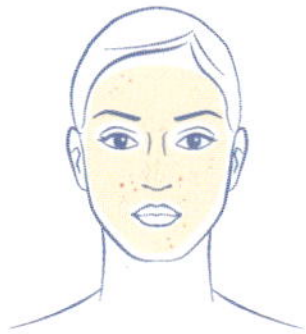 Oily skin	피지 분비가 왕성하며 모공이 넓고, 모공 주위에 각질이 일어나며 여드름을 동반한다. 皮脂分泌旺盛，毛孔粗大，毛孔周围还有角质并伴有痘痘
	클레이, 비타민B_6, 카올린, 살리실산(BHA), 유황, 캄퍼, 아줄렌, 유칼립투스, 티트리, 글리실리진산(감초). 泥、维生素 B_6、高岭土、水杨酸、硫磺、樟脑、甘菊蓝、蓝桉、茶树、甘草酸(甘草)
복합성 피부 混合型皮肤 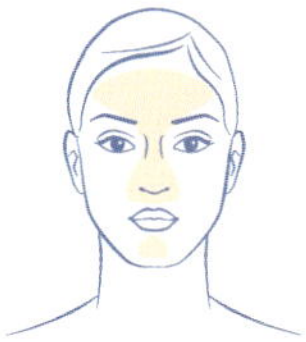 Combination skin	유 · 수분의 불균형으로 인해 여러 피부 성질을 갖게 된다. 由于油水的不平衡，组合皮肤具有各种皮肤特性。
	레몬, 녹차, 포도씨, 위치하젤(Witch hazel), 시어버터(Shea butter), 달맞이꽃 종자유(Evening Primrose Oil), 스쿠알렌(Squalene) 柠檬、绿茶、葡萄籽、北美金缕梅、乳木果油、月见草油、角鲨烯、绿茶
노화 피부 老化肌肤 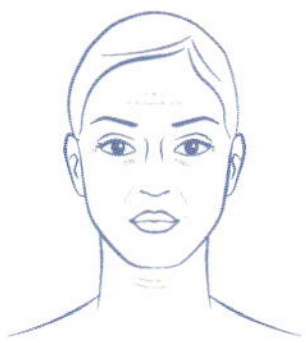 Aging skin	탄력이 없고, 피부표면이 얇고 위축되며 팔자, 눈가 주름이 있다. 肌肤无弹性，表面变薄、萎缩，有法令纹、眼角纹
	비타민A, 라이코펜, 토코페롤, 징코, AHA, 플라센타 维生素A、番茄红素、生育酚、锌版、AHA、(动物)胎盘脂质

외로움은 야심을 가진 청년이 타고 올라갈 사다리라는 것이
일반적인 사실로 입증되었다.

孤独感被证明是一个普遍的事实，一个雄心勃勃的年轻人是一个乘坐的梯子。
gūdú gǎn bèi zhèngmíng shì yígè pǔbiàn de shìshí, yígè xióngxīn bóbó de niánqīng rén shì yígè chéngzuò de tīzi

/

WILLIAM SHAKESPEARE

PART

05

/

COLOR COSMETICS

색조화장품

핵심단어

응용문장

Q & A

색상(color)

메이크업 제품

색감 표현

01 핵심단어

메이크업베이스	隔离霜	gélíshuāng
프라이머(Primer)	妆前乳	zhuāngqiánrǔ
리퀴드파운데이션	粉底液	fěndǐyè
크림	粉底霜	fěndǐshuāng
스틱	粉条	fěntiáo
컨실러	遮瑕膏	zhēxiágāo
파우더	粉饼	fěnbǐng
아이섀도	眼影	yǎnyǐng
아이라이너	眼线	yǎnxiàn
아이브로우 펜슬	眉笔	méibǐ
마스카라	睫毛膏	jiémáogāo
볼륨	浓密	nóngmì
롱래쉬	纤长	xiāncháng
컬링	卷翘	juǎnqiào
워터프루프	防水	fángshuǐ
인조속눈썹	假睫毛	jiǎjiémáo
블러셔	腮红	sāihóng
립스틱	唇膏	chúngāo
립글로스	唇釉	chúnyòu
립밤	润唇膏	rùnchúngāo
립펜슬	唇笔	chúnbǐ
쿠션	气垫	qìdiàn
BB크림	BB霜	BB shuāng
틴트	唇彩, 染唇液	chúncǎi, rǎnchúnyè
트웨이케이크 (Two-way cake)	两用粉底	liǎngyòngfěndǐ
맞춤형 화장품	量身定做的化妆品	liángshēndìngzuòdehuàzhuāngpǐn

☑ CHECKLIST				
1	2	3	4	5

향수	香水	xiāngshuǐ
오데퍼퓸(Eau de perfume)	淡香精	dànxiāngjīng
오데토일렛(Eau de toillet)	淡香水	dànxiāngshuǐ
오데코롱(Eau de cologen)	古龙水	gǔlóngshuǐ
샤워코롱(Shower cologen)	香体露香水	xiāngtǐlùxiāngshuǐ
어깨 보	肩巾	jiānjīn
스펀지	化妆海绵	huàzhuānghǎimián
라텍스 스펀지	防静电海绵	fángjìngdiànhǎimián
해면 스펀지	天然海绵	tiānránhǎimián
분첩	粉扑	fěnpū
스파츌라	抹刀	mǒdāo
플라스틱	塑料材料	sùliàocáiliào
팔레트	调色盘	tiáosèpán
색상(톤)	色调	sèdiào
명도	明度	míngdù
채도	彩度	cǎidù
고형압축형태	固体压缩状态	gùtǐyāsuōzhuàngtài
바디페인팅	人体彩绘	réntǐcǎihuì
타투	纹身	wénshēn

02 응용문장

✔ 손등에 테스트해보세요.

请在手背上试一试。

qǐng zài shǒubèi shàng shìyíshì

✔ 신제품이예요.

这是新产品。

zhèshì xīn chǎnpǐn

✔ 리퀴드 타입은 투명하며 자연스러운 커버력이 있어요.

这个产品是液态的，能透明、自然地遮盖肌肤。

zhège chǎnpǐn shì yè tài de，néng tòumíng，zì rán dezhēgài jīfū

✔ 크림 타입은 피부의 커버력이 우수하고 건조해지는 계절에 사용하면 좋아요.

乳霜类型产品的遮瑕力非常优秀，适合在干燥的季节使用。

rǔshuāng lèixíng chǎnpǐn de zhē xiá lì fēi cháng yōu xiù，shìhé zài gān zào de jì jié shǐ yòng

✔ 컨실러는 다크서클이나 잡티 커버에 좋아요.

遮瑕膏对遮盖黑眼圈和肌肤瑕疵很有效。

zhē xiá gāo duì zhēgài hēi yǎnquān hé jī fū xiácī hěn yǒuxiào

✔ 얼굴의 O존, T존에 밝게 발라줘야 얼굴이 작아 보여요.

在O区，T区涂抹提亮产品，脸就会看起来小。

zài O qū，T qū túmǒ tí liàng chǎnpǐn，liǎn jiù huì kàn qǐ lái xiǎo

✔ 피부가 지성이라 색조 화장이 잘 지워져요.

因为是油性皮肤，所以彩妆容易掉。

yīn wéi shì yóu xìng pí fū，suǒ yǐ cǎi zhuāng róng yì diào

☑ CHECKLIST

1	2	3	4	5

✔ 마스카라의 종류에는 볼륨, 롱래쉬 & 컬링, 워터 프루프 마스카라가 있습니다.

睫毛膏有浓密、卷翘和纤长，以及防水类型的。

jiémáo gāo yǒu nóngmì，juǎn qiào hé xiān cháng，yǐ jí fáng shuǐ lèi xíng de

✔ 블러셔로 볼 중앙에 둥글게 터치해주면 귀여운 이미지를 줄 수 있어요.

在脸颊中央地方，轻轻按圆圈状打腮红，这样就会让您的妆容显得更萌。

zài liǎnjiá zhōngyāng dìfāng，qīng qīng àn yuánquān zhuàng dǎ sāi hóng，zhèyàng jiù huì ràng nín de zhuāngróng xiǎndé gèng méng

✔ 입술 윤곽을 예쁘게 해주는 립라이너를 이용해 보세요.

请用唇线笔，能画出漂亮的唇线。

qǐng yòng chún xiàn bǐ，néng huà chū piào liang de chún xiàn

✔ 입술 중앙에 볼륨감, 촉촉함을 줍니다.

令唇部中央丰盈、水润。

lìng chún bù zhōngyāng fēngyíng，shuǐrùn

✔ 붓펜슬 아이라이너는 아이라인이 광택감이 없이 자연스럽게 그려져요.

细毛笔类型的眼线笔能画出无光泽感的自然眼线。

xì máo bǐ lèi xíng de yǎnxiàn bǐ néng huàchū wúguāngzégǎn de zìrán yǎnxiàn

✔ 물에 번지지 않는 워터 프루프를 사용해 보세요.

请使用不怕水的防水型产品。

qǐng shǐyòng bú pà shuǐ de fáng shuǐ xíng chǎnpǐn

✔ 화장품 도구는 자주 세척해 주셔야 합니다.

化妆道具需要经常清洗。

huàzhuāng dàojù xūyào jīngcháng qīngxǐ

☑ CHECKLIST				
1	2	3	4	5

✔ 색조화장은 깨끗이 지우는 게 중요해요.

对彩妆来说，能够卸除干净这点很重要。

duì cǎi zhuāng lái shuō，nénggòu xiè chú gān jìng zhèdiǎn hěn zhòngyào

✔ 자외선 차단을 위해 자주 덧발라 주세요.

为了隔绝紫外线，请经常涂抹防晒产品。

wèi le géjué zǐwàixiàn，qǐng jīngcháng túmǒ fángshài chǎnpǐn

✔ 요즘은 물광 메이크업이 유행입니다.

最近流行水光妆。

zuìjìn liúxíng shuǐ guāng zhuāng

✔ 처진 눈썹을 자연스럽게 올려줄 때 사용합니다.

将下垂的睫毛自然向上翻卷时使用。

jiāng xiàchuí de jiémáo zìrán xiàng shàng fān juǎn shí shǐ yòng

✔ 파운데이션 사용 후 번들거림을 방지합니다.

防止使用粉底后泛油。

fáng zhǐ shǐ yòng fěn dǐ hòu fàn yóu

✔ 빨간색은 따뜻하게, 파란색은 차갑게 느껴집니다.

红色让人温暖，蓝色让人寒冷。

hóng sè ràng rén wēn nuǎn，lán sè ràng rén hán lěng

03 Q & A

☑ CHECKLIST

1	2	3	4	5

이 색조 화장품은 자외선 차단 능력이 높나요?

这个彩妆化妆品能防晒吗？

zhè ge cǎizhuāng huàzhuāngpǐn néng fángshài ma?

UVA, UVB 차단 성분이 포함되어 있습니다.

可以的，这款产品含有UVA、UVB成分。

kěyǐde，zhè kuǎn chǎnpǐn hányǒu UVA，UVB chéngfèn

아이섀도 제품 중에 인기 있는 게 뭐예요?

现在的最有人气的眼影产品是什么？

xiànzài de zuì yǒu rén qì de yǎnyǐng chǎnpǐn shìshénme?

요즘은 펜슬 타입이 지속성과 컬러의 선명함 때문에 유행이에요.

铅笔类型的眼影产品很流行，它持久性好、色彩鲜明。

qiān bǐ lèi xíng de yǎn yǐng chǎnpǐn hěn liú xíng，tā chí jiǔ xìng hǎo，sècǎi xiān míng

얼굴이 칙칙하요.

肤色有点儿暗。

fūsè yǒudiǎner àn

컨실러를 사용하면 얼굴톤이 밝아져요.

用遮瑕膏可以提亮脸部肌肤。

yòng zhē xiá gāo kěyǐ tí liàng liǎn bù jīfū

피부톤이 어두워서 밝은색은 안 어울려요.

我的肤色较暗，不适合亮色系。

wǒde fūsè jiào àn，bú shì hé liàng sè xì

파운데이션 색상 중에 저에게 맞는 것을 추천해 주실래요?

您会推荐一个适合我的粉底色吗？

nín huì tuī jiàn yí gè shì hé wǒ de fěn dǐ sè ma?

브라운 컬러가 잘 어울려요.

棕色的颜色看起来不错。

zōng sè de yán sè kàn qǐ lái búcuò

왜 제 피부는 색조 화장이 잘 안 받죠?

为什么我的皮肤不太能持妆？

wèi shén me wǒde pífū bú tài néng chí zhuāng?

그럼, 주 1회 정도 각질 제거와 보습을 충분히 해주세요.

那么，请每周做一次充分的角质和保湿护理。

nàme，qǐng měi zhōu zuò yícì chōng fèn de jiǎozhìhébǎoshī hùlǐ

유분이 많이 나와서 고민이예요.

皮肤出油很多，很苦恼。

pífū chū yóu hěn duō，hěn kǔ nǎo

☑ CHECKLIST

1	2	3	4	5

틈틈히 기름종이를 이용하여 유분기를 닦아주세요.

请不时地用吸油纸吸走油分。

qǐng bùshí de yòng xī yóu zhǐ xī zǒu yóu fèn

젤 아이라이너 제품이 뭐예요?

啫喱眼线笔是什么产品?

zhě lí yǎn xian bǐ shì shén me chǎnpǐn?

번짐이 없고 지속력이 우수한 제품이예요.

不晕妆，持久力强。

bù yūn zhuāng，chí jiǔ lì qiáng

속눈썹이 짧은데 어떡해요?

我的睫毛比较短，怎么办呢？

wǒ de jié máo bǐ jiào duǎn，zěn me bàn ne?

저녁마다 속는썹 영양제를 사용해 보세요.

请每天晚上用这个睫毛营养剂试试看。

qǐng měi tiān wǎn shàng yòng zhè ge jiémáo yíngyǎng jì shì shi kan

눈썹 뒷 부분이 잘 지워져요.

眉毛的尾部的妆很容易就掉了。

méi máo de wěi bù de zhuāng hěn róngyì jiù diào le

☑ CHECKLIST				
1	2	3	4	5

이 제품은 자기 전에 그리면, 일시적인 타투 효과가 있어요.

睡前用这款产品画好眉毛，睡觉后会保持一段时间的纹眉效果。

shuì qián yòng zhè kuǎn chǎnpǐn huà hǎo méimáo, shuì jiào hòu huì bǎochí yíduàn shí jiān de wén méi xiào guǒ

신기한 제품이네요!

好神奇!

hǎo shén qí!

NOTE

메이크업 색상의 이해

- 무채색: 흰색, 회색, 검정에 속하는 계열의 색

非彩色： 白色，灰色， 黑色系列的颜色。

fēi cǎisè: báisè, huīsè, hēisèxìliè de yánsè

- 유채색: 무채색을 제외한 모든 색

彩色： 非彩色除外的所有颜色。

cǎisè: fēi cǎi sè chú wài de suǒ yǒu yán sè

20색상환

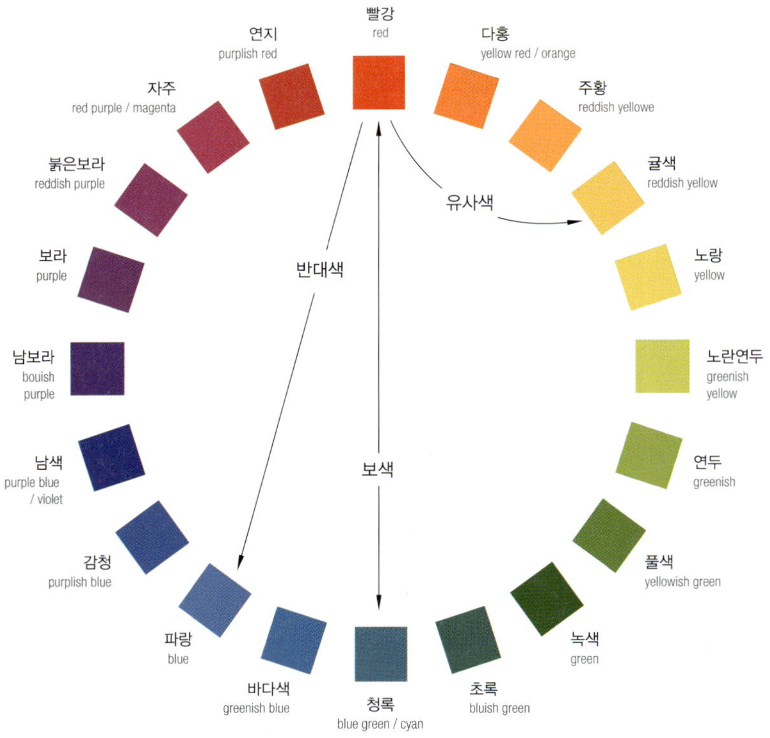

04 색상(color)

☑ CHECKLIST

1	2	3	4	5

색상환	色相环	sèxiànghuán
유사색	类似色	lèisìsè
반대색	对比色	duìbǐsè
보색	补色	bǔsè
빨강	红色	hóngsè
다홍	艳红	yànhóng
연지	胭脂色	yānzhǐsè
주황	橙色	chéngsè
귤색	橘色	júsè
노랑	黄色	huángsè
노란연두	黄绿色	huánglǜsè
연두	淡绿色	dànlǜsè
풀색	淡黄绿色	dànhuánglǜsè
녹색	绿色	lǜsè
초록	草绿色	cǎolǜsè
청록	青绿	qīnglǜ
바다	海蓝色	hǎilánsè
파랑	蓝色	lánsè
감청색	绀青色	gànqīngsè
남색	靛色	diànsè
남보라	紫蓝色	zǐlánsè
보라	青紫色	qīngzǐsè
붉은보라	红紫色	hóngzǐsè
자주	紫粉色	zǐfěnsè

05 메이크업 제품

<table>
<tr><th>제 품</th><th>특 징</th></tr>
<tr><td>립 & 아이리무버
眼唇 & 卸妆液</td><td>눈 주위 메이크업을 지우기 위해 눈가 피부타입에 맞게 특화된 세정용 제품
能卸除眼部周围妆容，针对眼周肌肤特点而特别设计的清洗产品。</td></tr>
<tr><td>메이크업베이스
隔离霜</td><td>메이크업이 오래 유지되도록 하며, 메이크업 색상에 따라 피부톤을 보정
能长久持妆，还能根据妆容色彩修正肤色。
<table>
<tr><td>그린 绿色</td><td>기미, 주근깨 褐斑, 雀斑</td></tr>
<tr><td>보라 青紫色</td><td>칙칙한 피부 暗沉的肌肤</td></tr>
<tr><td>베이지 米黄色</td><td>검은 피부를 건강한 살색으로 중화
将偏黑的肌肤修正为健康的皮肤色</td></tr>
<tr><td>오렌지 橙色</td><td>선탠 피부 晒黑的皮肤</td></tr>
</table>
</td></tr>
<tr><td>프라이머
妆前乳</td><td>모공, 잔주름을 커버하여 '모공 지우개'로 불릴 만큼 피부를 매끄럽게 만들어 주고 피지를 흡착해 메이크업의 지속력을 높여준다.
遮盖毛孔与细纹，被称为“毛孔橡皮擦”；吸附皮脂，令肌肤光滑、长久持妆。</td></tr>
<tr><td>파운데이션
粉底霜</td><td>피부 톤을 고르게 하고 피부 결을 매끄럽게 하기 위해 얼굴 및 목에 바르는 액체 화장품
用于脸部及颈部的液态化妆品，能使肤色均匀、肤质光滑。</td></tr>
<tr><td>BB크림
BB霜
(Blemish Balm)</td><td>색조가 있는 수분 공급 크림, 프라이머, 모이스처라이저, 자외선차단제, 피부톤 개선 기능을 통합한 일체형 크림
带有色调的补水面霜，妆前乳、保湿霜、防晒霜、改善肤色功能与一身的面霜。</td></tr>
</table>

제 품	특 징
컨실러 遮瑕膏	피부 결점을 커버 遮盖皮肌肤瑕疵。
에어쿠션팩트 气垫粉饼	미세한 구멍이 뚫려 있는 스펀지에 파운데이션이 스며들어 있어 제품의 피부 밀착력을 높여주며, 깨끗한 피부표현과 다양한 기능을 강화하는 제품도 늘고 있다. 是一款粉底液浸在布满微细孔的海绵中的产品。现在具有提高贴肤力、带来清净的肌肤表现及强化各种其他功能的产品也越来越多。
파우더 粉饼	메이크업이 끝난 후 모공의 피지 분비를 막아 유분기를 없애주고 번들거림 없이 피부를 보송하게 만들어 준다. 在化妆结束后阻止毛孔分泌皮脂，消除油分，使皮肤光滑、清爽。
아이섀도 眼影	눈을 커 보이게 만들고 입체감을 줄 수 있으며, 눈 모양을 보완해주어 눈에 매력을 부여할 수 있다. 能打造出具有立体感的大眼睛，完善眼部形状，赋予眼神无限魅力。
아이라이너 眼线	선명하고 또렷한 눈매를 연출하기 위해 눈 주위에 선을 그리는 제품 通过描画眼线使眼睛鲜明、清晰的产品。

제 품	특 징
마스카라 睫毛膏	속눈썹을 돋보이게 해서 눈매를 아름답게 만들어 준다. 突显睫毛，打造出美丽的眼眸。
블러셔 腮红	건강하고 아름다운 얼굴색과 매력적인 분위기를 만들기 위하여 볼에 바르는 색조 화장품 打造健康美丽的脸色与充满魅力的气质的彩妆化妆品。
립스틱 唇膏	입술에 색조와 질감을 주기 위해 바르는 화장품 赋予唇部色彩与质感的化妆品。
립라이너 唇笔	입술선을 선명하게 표현 令唇线更加鲜明。
립글로스 唇釉	입술을 아름답게 보이기 위해 색채효과를 주고 입술을 보호하며 색감과 질감이 다양한 립 메이크업의 한 종류 多种具有保护唇部作用的色感和质感的唇妆中的一种，为唇部带来美丽的色彩效果。
틴트 唇彩, 染唇液	입술에 선명한 색상을 넣어주어 입술색이 일정 시간 동안 색이 나도록 한다. 赋予唇部鲜明的色彩并能保持较长时间。

06 색감 표현

■ SKIN COLOR INDEX

기본적인 베이지	노란기가 도는 베이지	붉은기가 도는 베이지
基本的米色 [jīběndemǐsè]	发黄的米色 [fāhuángdemǐsè]	发红的米色 [fāhóngdemǐsè]
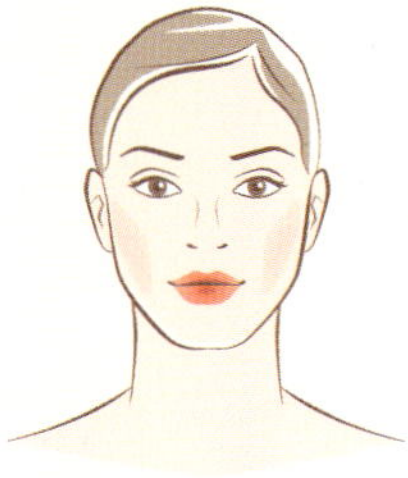	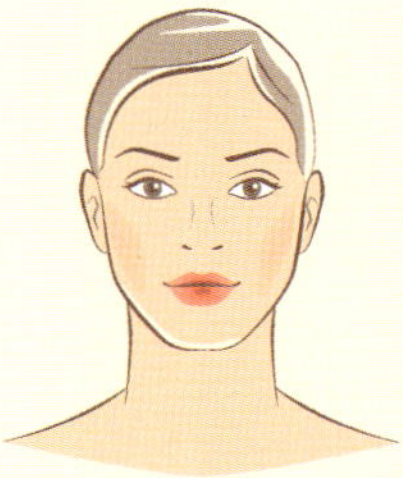	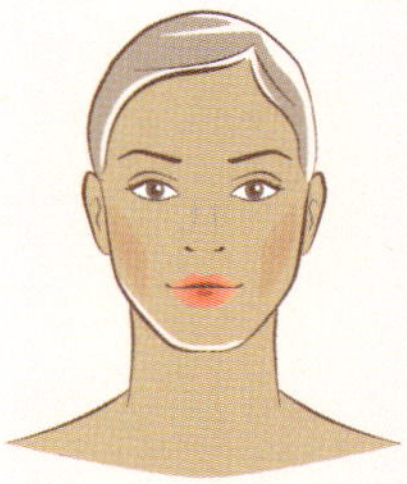
NEUTRAL BASE	YELLOW BASE	RED BASE
밝은 정도	중간 정도	어두운 정도
明亮程度 [míngliàngchéngdù]	中等程度 [zhōngděngchéngdù]	明亮程度 [hēiàndechéngdù]

자기가 무엇을 좋아하는지 아는 것은 지혜와 노년의 시작이다.

知道你喜欢的是智慧和年龄的开始。
zhīdào nǐ xǐhuān de shì zhìhuì hé niánlíng de kāishǐ

/

ROBERT LOUIS STEVENSON

PART

06

NAIL ART

네일아트

핵심단어

응용문장

Q & A

네일아트 주의사항

네일아트 관리 순서

네일아트 제품

네일 구조

TOP VIEW

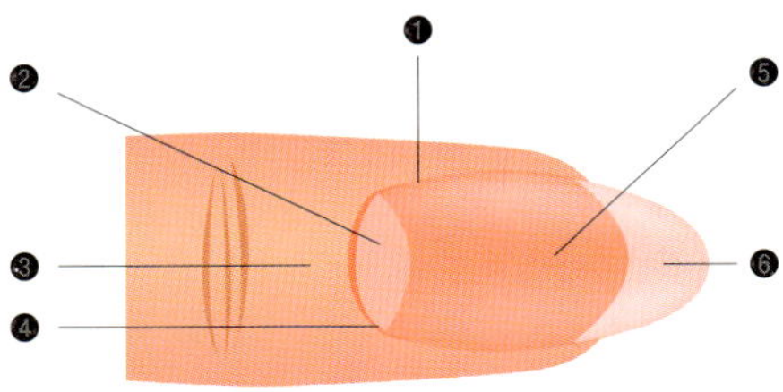

1. 조구 Nail groove
   钉槽 [dīng cáo]
2. 반월 Lunula
   甲半月 [jiǎ bàn yuè]
3. 조근 Nail root
   指甲根 [zhǐ jiǎ gēn]
4. 조상막 Cuticle
   角质层 [jiǎo zhì céng]
5. 조판, 조체 Nail plate
   钉板 [dīng bǎn]
6. 자유연 Free edge
   甲缘 [jiǎyuán]

SIDE VIEW

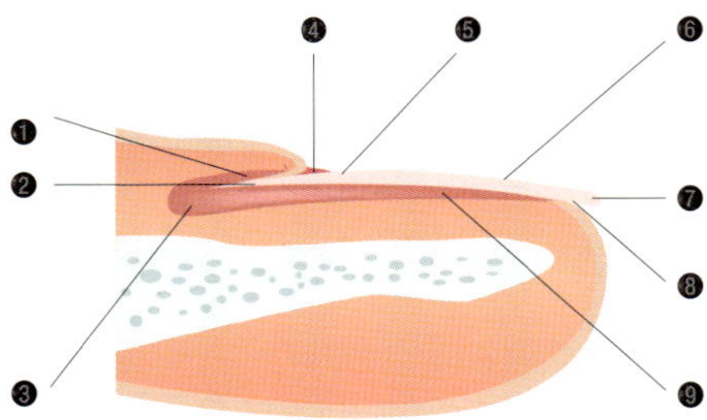

1. 조상피, 감피 Cuticle
   角质层 [jiǎo zhì céng]
2. 조근 Nail root
   指甲根 [zhǐ jiǎ gēn]
3. 조모(매트릭스) Nail Matrix
   甲基 [jiǎjī]
4. 상조피 Eponychium
   甲上皮 [jiǎ shàng pí]
5. 반월 Lunula
   甲半月 [jiǎ bàn yuè]
6. 조판, 조체 Nail plate
   钉板 [dīng bǎn]
7. 자유연 Free edge
   甲缘 [jiǎyuán]
8. 하조피 Hyponychium
   甲下皮 [jiǎ xià pí]
9. 네일 베드 Nail bed
   甲床 [jiǎ chuáng]

01 핵심단어

CHECKLIST

1	2	3	4	5

조벽(네일 월)	甲壁	jiǎbì
조주름	甲纹	jiǎwén
인조손톱용 파일	假指甲专用甲挫	jiǎzhǐjiǎzhuānyòngjiǎcuò
광택용 파일	指甲打魔棒	zhǐjiadǎmóbàng
더스트 브러시	扫尘扫	sǎochénsǎo
아트용 세필브러시	彩绘用指甲刷	cǎihuìyòngzhǐjiǎshuā
젤 램프기기	美甲凝胶灯	měijiǎníngjiāodēngjī
디펜 디쉬	装饰品容器	zhuāngshìpǐnróngqì
큐티클 연화제	甘皮软化剂	gānpíruǎnhuàjì
네일 폴리시	指彩	zhǐcǎi
폴리시 리무버	亮光卸甲油	liàngguāngxièjiǎyóu
네일팁 (웰선이 있는 형)	法式指彩 (有弯曲线款)	fàshìzhǐcǎi (yǒuwānqūxiànkuǎn)
실크	丝绸	sīchóu
호일	铝箔纸	lǚbózhǐ
디자인	设计	shèjì
푸석하다	脆弱	cuìruò
공급	提供	tígōng
네일 프로그램	美甲项目	měijiǎxiàngmù
사진	照片	zhàopiàn
왁싱	脱毛	tuōmáo
네일아트 샵	美甲店	měijiǎdiàn
결혼	婚礼	hūnlǐ
패디큐어	足部护理	zúbùhùlǐ
큐빅	镶钻	xiāngzuàn
지우다	去除	qùchú

02 응용문장

✔ 인기 많은 네일아트 디자인은 어떤게 있나요?

最热门的美甲设计是什么？

zuì rè mén de měi jiǎ shè jì shì shén me?

✔ 손톱이 많이 부서졌네요.

指甲坏得很厉害呢。

zhǐ jiǎ huài de hěn lì hài ne

✔ 푸석한 큐티클을 위해 영양공급을 합니다.

为脆弱的甘皮提供营养。

wèi cuì ruò de gān pí tí gōng yíng yǎng

✔ 피부색과 맞는 네일색으로 해주세요.

请给我弄和肤色适合的指甲颜色。

qǐng gěi wǒ nòng hé fūsè shìhé de zhǐ jiǎ yánsè

✔ 손톱이 부러졌어요.

指甲断了。

zhǐ jiǎ duàn le

✔ 한 달에 몇 번 방문해야 하나요?

我一个月需要来几次？

wǒ yígè yuè xūyào lái jǐ cì?

✔ 네일 프로그램은 어떤 것이 있나요?

美甲项目都有哪些？

měi jiǎ xiàng mù dōu yǒu nǎ xiē?

☑ CHECKLIST

1	2	3	4	5

✔ 이 사진속의 손톱 모양과 똑같이 해주세요.

请按照照片里的样子，帮我做。

qǐng àn zhào zhào piàn lǐ de yàng zi，bāng wǒ zuò

✔ 저 월요일날 패디큐어 받을게요.

我打算周一做脚美甲。

wǒ dǎ suàn zhōu yī zuò jiào měi jiǎ

✔ 손에 왁싱도 해주나요?

手部脱毛也做吗？

shǒu bù tuō máo yě zuò ma?

✔ 저는 3일만 지나도 손톱이 지저분해져요.

我的指甲油才三天就掉色，看着很不干净。

wǒ de zhǐ jiǎ yóu cái sān tiān jiù diào sè，kàn zhe hěn bù gān jìng

✔ 네일아트 샵에 처음 방문했어요.

我是第一次来美甲店。

wǒ shì dì yícì lái měi jiǎ diàn

✔ 웨딩 네일아트로 해주세요.

请给我做婚礼美甲。

qǐng gěi wǒ zuò hūnlǐ měijiǎ

✔ 손톱에 큐빅도 달아주세요.

请给我的指甲镶钻。

qǐng gěi wǒ de zhǐjiǎ xiāng zuàn

☑ CHECKLIST				
1	2	3	4	5

✔ 간편한 홈 네일케어는 어떻게 해야 하나요?

我应该怎样做简单的家庭美甲护理？

wǒ yīnggāi zěnyàng zuò jiǎndān de jiātíng měijiǎ hùlǐ?

✔ 오래가는 네일아트로 해드릴게요.

我给您做能坚持很久的美甲。

wǒ gěi nín zuò néng jiānchí hěnjiǔ de měijiǎ

03 Q & A

☑ CHECKLIST				
1	2	3	4	5

고객님, 이쪽으로 앉으세요.

顾客，请坐在这里。

gùkè，qǐng zuò zài zhèlǐ

네, 알겠습니다.

好的。

hǎo de

아세톤으로 머니큐어를 지울게요.

我先用洗甲水给您去除指甲油。

wǒ xiān yòng xǐ jiǎ shuǐ gěi nín qùchú zhǐjiǎ yóu

네, 깨끗하게 지워주세요.

好，请给我清除干净。

hǎo，qǐng gěi wǒ qīngchú gānjìng

손톱을 깎을게요.

现在给您剪指甲。

xiànzài gěi nín jiǎn zhǐjiǎ

너무 짧게 깎지 말아주세요.

请不要剪得太短。

qǐng búyào jiǎn de tài duǎn

매니큐어를 칠하겠습니다.

现在给您涂指甲油。

xiànzài gěi nín tú zhǐjiǎ yóu

여름이니 시원한 색으로 해주세요.

现在是夏天，请给我涂一个清爽的颜色吧。

xiànzài shì xiàtiān，qǐng gěi wǒ tú yígè qīngshuǎng de yánsè ba

스카이 블루 계열로 디자인 해드릴게요.

我会给您设计一个天蓝色系的。

wǒ huì gěi nín shè jì yígè tiān lán sè xì de

시간이 얼마나 걸리나요?

需要多长时间？

xūyào duō cháng shíjiān?

마무리까지 30분 정도 걸려요.

大约还要半个小时左右结束。

dà yuē hái yào bàn gè xiǎo shí zuǒ yòu jié shù

약속시간에 딱 맞게 가겠네요.

正好能赶上约好的时间呢 。

zhènghǎo néng gǎn shàng yuē hǎo de shíjiān ne

☑ CHECKLIST

1	2	3	4	5

패디큐어(pedicure)도 해드릴까요?

您也要修脚趾甲吗？

nín yě yào xiū jiǎo zhǐ jiǎ ma?

네, 발톱에 매니큐어를 바르고 싶어요.

是的，我想涂脚趾甲。

shì de，wǒ xiǎng tú jiǎo zhǐ jiǎ

손톱하고 같은 계열로 해드릴까요?

要帮您和手指甲做配套的吗？

yào bāng nín hé shǒu zhǐjiǎ zuò pèitào de ma?

어떤 색깔의 매니큐어가 있죠?

都有什么颜色的指甲油？

dōu yǒu shén me yánsè de zhǐ jiǎ yóu?

원하시는 색상은 전부 있어요.

您想要的颜色全都有。

nín xiǎng yào de yánsè quán dōu yǒu

저는 밝은색 계열로 해주세요.

我想要涂亮色系的。

wǒ xiǎng yào tú liàng sè xì de

☑ CHECKLIST				
1	2	3	4	5

손은 움직이시면 안돼요.

请不要移动您的手。

qǐng búyào yí dòng nín de shǒu

아! 힘드네요.

噢!真的很辛苦啊。

ō! zhēn de hěn xīn kǔ a

04 네일아트 주의사항

■ 네일아트 주의사항 美甲注意事项 [měijiǎzhùyìshìxiàng]

- 손톱은 세균 침입이 쉽기 때문에 손톱을 지나치게 짧게 자르지 마세요.

  指甲请不要剪得太短，那样的话，细菌容易侵入。

- 매니큐어와 아세톤 때문에 손톱 건선에 걸릴 수 있으니 손톱 보습제를 발라주세요.

  由于使用指甲油和洗甲水的缘故，可能会患上指甲干癣，
  所以请涂抹指甲保湿剂。

- 사용 중 수분, 이물질의 오염이 있으면 손, 발톱의 변색 및 손상 등이 발생할 수 있으니 사용에 주의해 주세요.

  如果在使用中有水和异物的污染，可能会导致手指甲和脚趾甲变色及损伤，
  请在使用中注意。

- 반드시 전용 젤리무버를 사용해 주세요.

  请一定要使用专用凝胶卸甲油。

- 따뜻한 물, 열기에 오래 노출하지 마세요.

  请避免不要长时间暴露在温水，热气中。

- 과도한 표면 정리로 손톱을 얇게 만들지 말아주세요.

  请不要做过度的表面整理，以免指甲变得过薄。

■ 진균증의 종류

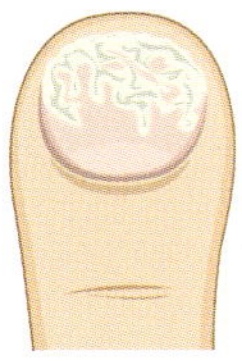

곰팡이 진균증 霉菌眞菌症

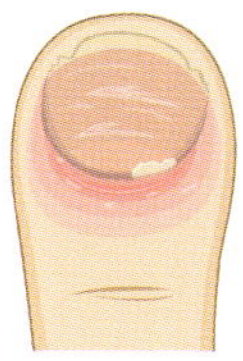

효모 진균증 酵母眞菌症

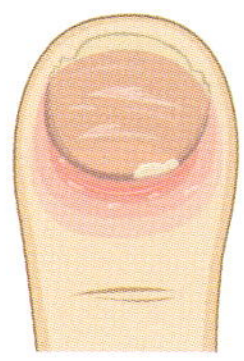

조갑백선 指甲白癬

05 네일아트 관리 순서

습식 매니큐어 湿法美甲 [shīfǎměijiǎ]

① 시술자 및 고객의 손 소독하기 为自己及顾客的手消毒

② 폴리쉬 제거 卸除指甲油

③ 우드파일로 쉐입 잡기 用木制甲挫修整指甲形状

④ 샌딩으로 표면 정리 为指甲表面抛光

⑤ 디스크 패드로 거스러미 제거하기 用圆形甲挫去除死皮

⑥ 핑거볼에 손 불리기 将手泡在浸手盆里泡软

⑦ 왼손을 핑거볼에서 꺼낸 다음 물기를 제거하고 오른손을 담근다 拿起左手擦干后，放入右手

⑧ 큐티클 오일 바르기 涂上甘皮油

⑨ 큐티클 밀기 开始推甘皮

⑩ 큐티클 정리 修剪好甘皮

⑪ 도구 사용 후 반드시 소독 使用后的工具务必做消毒处理

⑫ 손 마사지 手部按摩

⑬ 유분기 제거 去除油分

⑭ 베이스코트 바르기 涂上基底油

⑮ 에나멜 바르기 涂上亮光指甲油

⑯ 탑코트 바르기 涂上甲面油

■ 실크익스텐션 延长丝绸甲 [yánchángsīchóujiǎ]

① 손 소독하기 消毒手部

② 에나멜 제거 및 큐티클 정리 卸除亮甲油及甘皮

③ 손톱 쉐입 잡기 修整指甲形状

④ 루즈 스킨 제거 去除死皮

⑤ 애칭 주기 甲面抛光

⑥ 실크 재단하기 剪好延长甲面

⑦ 실크 붙이기 贴上延长甲面

⑧ 글루 바르기 涂上美甲胶水

⑨ 필러파우더 뿌리기 上闪粉

⑩ 핀칭주기 撑大甲面

⑪ 길이와 쉐입 잡기 修整长度及形状。

⑫ 파일링하기 以甲挫修型。

⑬ 뒷면에 라이트 글루 도포하기 在指甲背面涂上轻盈黏胶。

⑭ 라이트 글루와 젤 글루를 도포한다. 涂抹轻盈黏胶与光疗啫喱凝胶。

⑮ 버퍼로 버핑하고 더스트 브러시를 사용하여 잔여물을 제거한다.
使用甲挫最后修整后用扫尘扫去除甲面残留物。

■ 젤 프렌치 스캅쳐 法式凝胶彩绘美甲 [fàshìníngjiāocǎihuìměijiǎ]

① 손 소독하기 消毒手部

② 샌딩으로 광택 제거 磨砂抛光

③ 루즈 스킨 제거 去除死皮

④ 베이스 젤 바르기 涂上光疗凝胶基底

⑤ 폼 끼우기 戴上甲模

⑥ 핀칭 주기 撑大甲面

⑦ 폼지 제거 卸除甲模用纸

⑧ 표면 닦기 将甲面擦干净

⑨ 파일링 하기 用甲挫修整指甲

⑩ 샌딩으로 표면 처리 磨砂甲挫抛光甲面

⑪ 탑 젤 바르고 3분간 큐어링 涂上凝胶光疗护甲油后置于光疗机下三分钟

■ 네일아트 관리 순서

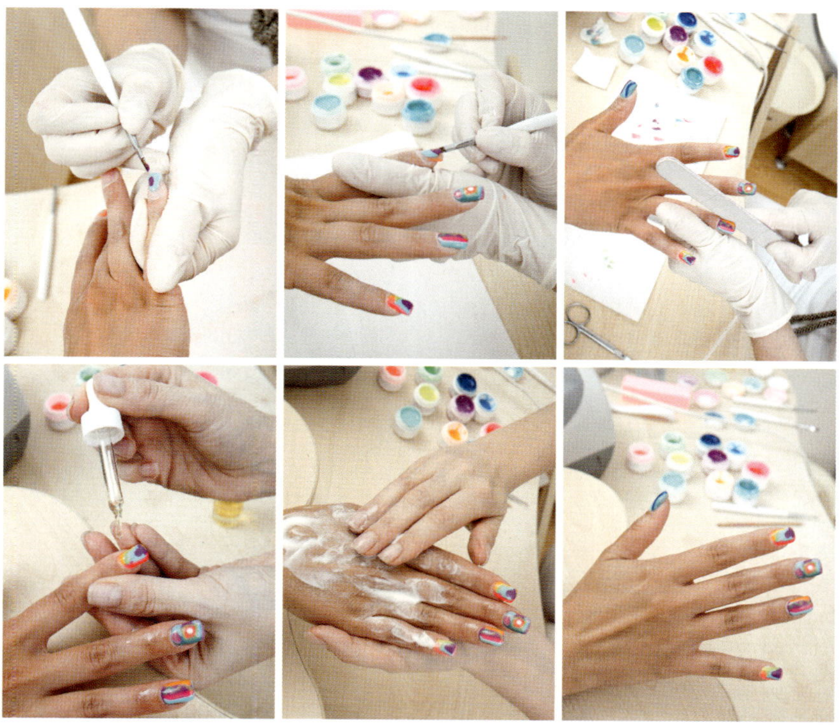

■ 무좀 자가 테스트 足癣自我测试 [zúxuǎnzìwǒcèshì]

- ☑ 노란색이 도는 반점 또는 줄무늬를 띤다.
  黄色斑点或条纹。
  huángsè bāndiǎn huò tiáowén

- ☑ 색이 진하게 변한다.
  颜色变深。
  yánsè biàn shēn

- ☑ 잘 빠지며 통증이 있다.
  易脱落并伴有疼痛。
  yì tuōluò bìng bàn yǒu téngtòng

- ☑ 표면이 울퉁불퉁하고 끝이 부서진다.
  表面凹凸不平，末端碎裂。
  biǎomiàn āotú bùpíng，mòduān suì liè

- ☑ 두껍거나 일그러진다.
  厚或扭曲。
  hòu huò niǔqū

- ☑ 냄새가 나며 하얀 가루가 잘 생긴다.
  有异味且易产生白色粉末。
  yǒu yìwèi qiě yì chǎnshēng báisè fěnmò

NOTE

06 네일아트 제품

제품사진	제품명	중국어
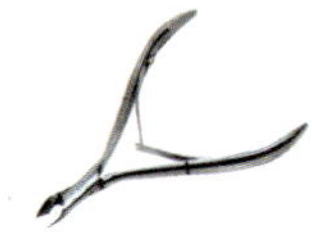	큐티클니퍼 Cuticle nipper	干皮剪 [gānpíjiǎn]
	푸셔 Pusher	甘皮推 [gānpítuī]
	오렌지우드스틱 Orange woodstick	橙木棒 [chéngmùbàng]
	파일 File	指甲锉 [zhǐjiacuò]
	팁 커터기 Tip cutter	一字剪 [yízìjiǎn]
	클리퍼 Clipper	指甲剪 [zhǐjiǎjiǎ]
	실크가위 Silk scissors	小剪刀 [xiǎojiǎndāo]
	네일브러시 Nail brush	彩绘刷 [cǎihuìshuā]

제품사진	제품명	중국어
	아크릴릭 브러시 Acrylic brush	水晶指甲刷 [shuǐjīngzhǐjiǎshuā]
	핑거볼 Finger bowl	浸手盆 [jìnshǒupén]
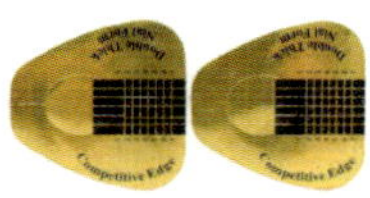	아크릴릭 폼지 Acrylic foam	水晶纸模 [shuǐjīngzhǐmó]
	리무버용 디스펜서 Dispenser for remover	卸甲用容器 [xièjiǎyòngróngqì]
	우드스틱 스파츌라 wood stick spatula	木棒铲 [mùbàngchǎn]
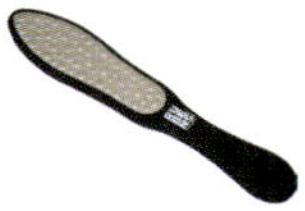	패디 파일 Paddy file	脚趾甲挫 [jiǎozhǐjiǎcuò]
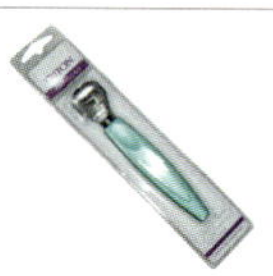	콘 커터 Corn cutter	磨甲机 [mójiǎjī]
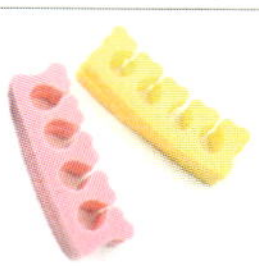	토우 세퍼레이터 Toe-seperetor	分趾器 [fēnzhǐqì]

제품사진	제품명	중국어
	네일 스티커 Nail sticker	美甲贴 [měijiǎtiē]
	안티셉틱 Anti-Septic	消毒水 [xiāodúshuǐ]
	종이 타월 Paper towel	纸巾 [zhǐjīn]
	비닐 주머니 Plastic bag	塑料小袋 [sùliàoxiǎodài]
	솜 Cotton	棉花 [miánhuā]
	네일 에나멜 리무버 Nail enamel remover	亮甲卸除剂 [liàngjiǎxièchújì]
	큐티클 오일 Cuticle oil	甘皮油 [gānpíyóu]
	베이스 코트 Base coat	基底油 [jīdǐyóu]

제품사진	제품명	중국어
	탑 코트 Top coat	甲面油 [jiǎmiànyóu]
	네일 보강제 Nail hardener	甲面强化剂 [jiǎmiànqiánghuàjì]
	에나멜 드라이어 Enamel drier	亮甲快干剂 [liàngjiǎkuàigānjì]
	네일 표백제 Nail bleach	甲面漂白剂 [jiǎmiànpiǎobáijì]
	네일 화이트너 Nail whitener	指甲变白 [zhǐjiabiànbái]
	지혈제 Hemostatic	止血剂 [zhǐxuèjì]
	에나멜 Enamel	亮甲油 [liàngjiǎyóu]
	논 아세톤 리무버 Non-Acetone Remover	无丙酮卸甲油 [wúbǐngtóngxièjiǎyóu]

제품사진	제품명	중국어
	라운드 패드 Round pad	圆盘抛光片 [yuánpánpāoguāngpiàn]
	샌딩 블록 Sanding block	磨砂器 [móshāqì]
	글루 Glue	甲用胶 [jiǎyòngjiāo]
	필러 파우더 Filler powder	闪粉 [shǎnfěn]
	젤 글루 Gel glue	美甲胶水 [měijiǎjiāoshuǐ]
	글루 드라이어 Glue drier	快干胶 [kuàigānjiāo]
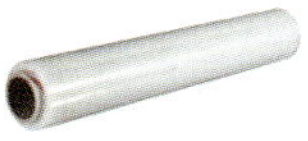	랩 Rap	保鲜膜 [bǎoxiānmó]
	프라이머 Primer	打底胶 [dǎdǐjiāo]

제품사진	제품명	중국어
	아크릴릭 파우더 Acrylic powder	水晶粉 [shuǐjīngfěn]
	아크릴릭 리퀴드 Acrylic Liquid	水晶液 [shuǐjīngyè]
	브러시 클리너 Brush cleaner	刷具清洁剂 [shuājùqīngjiéjì]
	시너 Thinner	指甲变薄 [zhǐjiabiànbáo]
	네일 팁 Nail Tips	贴甲片 [tiējiǎpiàn]

당신 자신을 믿어라. 그러면 그 무엇도 당신을 막지 못할 것이다.

相信自己, 那么什么也不会阻止你。

xiāngxìn zìjǐ, nàme shénme yě búhuì zǔzhǐ nǐ

/

EMILY GWAI

PART

07

/

TOTAL HAIR COSMETICS

토탈 헤어 화장품

01 핵심단어

CHECKLIST

1	2	3	4	5

모간	毛干	máogàn
모모세포	毛母细胞	máomǔxìbāo
외모근초	外毛筋鞘	wàimáojīnqiào
내모근초	内毛筋鞘	nèimáojīnqiào
모근	毛根	máogēn
모피질	毛皮质	máopízhì
모수질	毛髓质	máosuǐzhì
모소피	毛小皮	máoxiǎopí
자율신경	自律神经	zìlǜshénjīng
성장기	生长期	shēngzhǎngqī
퇴행기	退行期	tuìxíngqī
휴지기	休止期	xiūzhǐqī
모유두	毛乳头	máorǔtóu
모낭	毛囊	máonáng
모구	毛球	máoqiú
입모근	立毛肌	lìmáojī
간충물질(Hair matrix)	毛基质	máojīzhì
웨트 샴푸(Wet shampoo)	湿洗发水	shīxǐfàshuǐ
의약외품 (탈모용 앰플)	医药外品 (脱发用精华)	yīyàowàipǐn (tuōfàyòngjīnghuá)
헤어토닉	生发香水	shēngfàxiāngshuǐ
양모제	生发剂	shēngfàjì
탈모제	脱发剂	tuōfàjì
제모제	除毛剂	chúmáojì
FDA 승인제품	FDA认证产品	rènzhèngchǎnpǐn
견인검사	牵引检查	qiānyǐnjiǎnchá

모발모식도

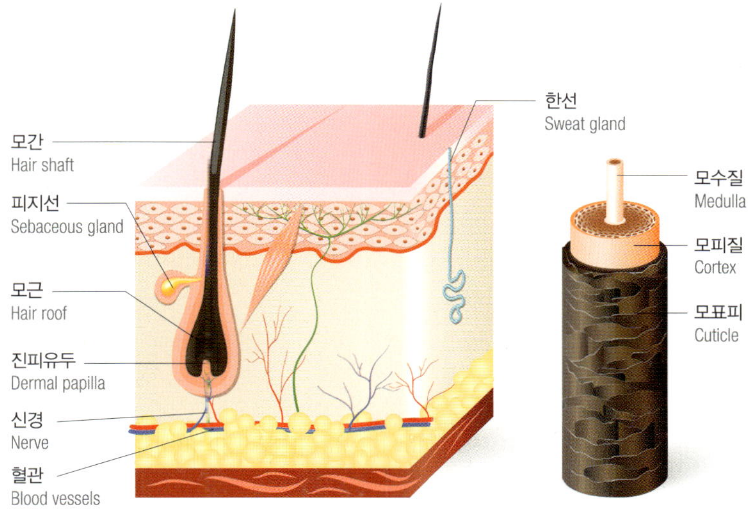

곱슬머리	卷发	juǎnfà
펌로드	烫发卷	tàngfàjuǎn
열처리	热处理	rèchǔlǐ
중화재	中和剂	zhōnghéjì
헤어 매니큐어	打蜡染发膏	dǎlàrǎnfāgāo
모발 코팅	头发涂层	tóufatúcéng
무실리콘 샴푸	无硅酮洗发水	wúguītóngxǐfǎshuǐ
뿌리 염색	染发根	rǎnfàgēn
탈색	脱色	tuōsè
새치	少白头 (夹杂在黑发中的)	shàobáitóu (jiázázàihēifǎzhōngde)
화학약품	化学药品	huàxuéyàopǐn
드라이 샴푸	干洗洗发水	gānxǐxǐfāshuǐ

☑ CHECKLIST

1	2	3	4	5

연모	软毛	ruǎnmáo
직모	直发	zhífà
경모	硬毛	yìngmáo
솜털	绒毛	róngmáo
파상모	自来卷	zìláijuǎn
축모	曲发	qǔfà
강모	硬毛	yìngmáo
비듬	头屑	tóuxiè
올림머리	盘发	pánfà
앞머리	刘海 (前面的头发)	liúhǎi (qiánmiàndetóufa)
마네킹	头部模型	tóubùmóxíng
핀	发卡	fàqiǎ
홀더	值板夹	zhíbǎnjiā
헤어 클리퍼	推子	tuīzi
브러시	刷子 (电刷)	shuāzi/diànshuā
가위	剪子	jiǎnzi
틴닝가위	扛薄剪	kángbáojiǎn
아이롱	卷发器	juǎnfàqì
면도기	剃须刀	tìxūdāo
드라이기	吹风机	chuīfēngjī
부드럽고 긴 모발	长而柔软的毛	chángérróuruǎndemáo
짧거나 뻣뻣한 모발	短而坚硬的毛	duǎnérjiānyìngdemáo

02 응용문장

☑ CHECKLIST				
1	2	3	4	5

✓ 헤어제품 세트로 구입하면 할인해주나요?

购买护发产品套装的话，会打折吗？

gòumǎi hù fà chǎnpǐn tàozhuāng de huà，huì dǎ zhé ma?

✓ 테스트할 수 있는 샘플이 있나요?

有没有可以试试的样品？

yǒuméiyǒu kěyǐ shìshi de yàng pǐn?

✓ 샘플 많이 주세요.

请多给我一些样品。

qǐng duō gěi wǒ yìxiē yàngpǐn

✓ 할인쿠폰 있으신가요?

有优惠券吗?

yǒu yōu huì quàn ma?

✓ 다른 것으로 바꿔주세요.

请把它换成别的东西。

qǐng bǎ tā huàn chéng bié de dōng xī

✓ 모발 끝이 갈라졌네요.

发梢分叉了。

fā shāo fēn chà le

✓ 탈모가 진행되고 있네요.

现在有些脱发了呢。

xiànzài yǒuxiē tuōfà le ne

✔ 두피의 손상 없이 비듬을 제거합니다.

进行不伤头皮的去屑。

jìnxíng bù shāng tóupí de qù xiè

✔ 머리를 빗으로 다듬어주세요.

请用梳子给我梳下头发。

qǐng yòng shūzi gěi wǒ shū xià tóu fa

✔ 볼륨매직으로 해주세요.

用魔力卷给我卷一下头发。

yòng mó lì juǎn gěi wǒ juǎn yíxià tóu fa

✔ 머리카락이 당겨요.

拉头发。

lā tóu fa

✔ 제 핸드폰 좀 가져다 주실래요?

能帮我把手机拿过来吗？

néng bāng wǒ bǎ shǒujī ná guòlái ma?

✔ 비닐캡이 자꾸 내려와요.

塑料帽总是掉下来。

sù liào mào zǒng shì diào xià lái

✔ 액체가 흘러내려요.

液体流下来了。

yè tǐ liú xià lái le

☑ CHECKLIST				
1	2	3	4	5

✔ 컬 테스트를 하겠습니다.

我们来试卷一下。

wǒmen lái shì juǎn yíxià

✔ 물 온도는 괜찮으세요?

这个水温可以吗？

zhège shuǐ wēn kěyǐ ma?

✔ 눈과 귀에 물이 들어가지 않게 조심해 주세요.

请注意不要让水进到眼睛和耳朵里。

qǐng zhùyì búyào ràng shuǐ jìn dào yǎnjīng hé ěr duǒ lǐ

✔ 안경은 보관함에 넣어주세요.

请把眼镜放到保管箱里。

qǐng bǎ yǎnjìng fàng dào báo guǎn xiāng lǐ

✔ 제품 묻은거 지워드릴게요.

我帮您擦掉沾到产品的地方。

wǒ bāng nín cā diào zhāndào chǎnpǐn de dìfang

✔ 머리에 물을 적시겠습니다.

现在要把头发浸到水里。

xiànzài yào bǎ tóu fa jìn dào shuǐ lǐ

✔ 머리카락이 많이 빠져요.

头发掉了很多。

tóu fa diào le hěn duō

☑ CHECKLIST				
1	2	3	4	5

✔ 모발은 휴지기와 성장기를 반복합니다.

头发的休止期和成长期是反复的。

tóufa de xiū zhǐ qī hé chéng zhǎng qī shì fǎn fù de

✔ 새치가 있으신가요?

有少白头吗？

yǒu shào báifà ma?

✔ 새치가 아니라 흰머리입니다.

不是少白头，是白头发。

búshì shào báifà，shì bái tóu fa

✔ 어떤 제품 테스트 해보고 싶으세요?

您想试一下哪种产品？

nín xiǎng shì yíxià nǎ zhǒng chǎnpǐn?

✔ 머리를 다듬어 주세요.

请帮我整理一下头发。

qǐng bāng wǒ zhěng lǐ yíxià tóu fa

✔ 머리 마사지도 해주세요.

头皮按摩也请给我做一下。

tóupí ànmó yě qǐng gěi wǒ zuò yíxià

✔ 고객님, 스트레이트 파마 ○원, 앰플을 사용해서 추가 ○원, 합계 ○원인데 30% 할인해서 ○원입니다.

您好，烫直 ○元，使用精华加 ○元，
本来是一共 ○元，再给您打七折，最后合计 ○元。

nín hǎo，tàngzhí ○yuán，shǐyòng jīnghuá jiā ○yuán，běnlái shì yígòng ○yuán,
zài gěi nín dǎ qī zhé，zuìhòu héjì ○yuán

03 Q & A

☑ CHECKLIST				
1	2	3	4	5

고객님 성함을 말씀해 주세요.

请告诉我您的姓名。

qǐng gàosu wǒ nín de xìngmíng

네. 저는 김태린입니다.

好，我叫金泰潾。

hǎo，wǒ jiào jīn tài lín

접수 도와드리겠습니다. 지명하실 디자이너 분 있으십니까?

我帮您登记。您有要指定的设计师吗?

wǒ bāng nín dēng jì. nín yǒu yào zhǐdìng de shè jì shī ma?

첫 방문이라 없어요. 추천 부탁드립니다.

我是第一次来。您帮我推荐一位吧。

wǒ shì dì yícì lái. nín bāng wǒ tuījiàn yíwèi ba

먼저 귀중품과 소지품은 개인락카실에 넣어주세요.

请先把贵重物品和携带物品放到个人更衣室里。

qǐng xiān bǎ guì zhòng wùpǐn hé xiédài wùpǐn fàng dào gèrén gēng yī shì lǐ

네, 핸드폰은 빼주세요.

好，我把手机拿出来。

hǎo，wǒ bǎ shǒu jī ná chūlái

어떤 음료 드실래요?

您想喝点什么？

nín xiǎng hē diǎn shénme?

따뜻한 커피 주세요.

请给我一杯热咖啡。

qǐng gěi wǒ yìbēi rè kā fēi

기다리시는 동안 스타일북도 함께 보여드릴게요.

在等待的时候，给您一本造型集看吧。

zài děng dài de shíhòu，gěi nín yìběn zàoxíng jí kàn ba

네, 저는 요즘 유행하는 펌을 하고 싶어요.

好的，我想做最近流行的烫发。

hǎo de，wǒ xiǎng zuò zuì jìn liú xíng de tàng fà

저희 원장님께서 잘 해주실거예요.

我们院长会做好的。

wǒmen yuàn zhǎng huì zuò hǎo de

네, 머릿결이 좋지 않아서 고민이예요.

是的，因为我的发质不太好，所以挺担心的。

shì de，yīn wèi wǒ de fā zhì bú tài hǎo，suǒ yǐ tǐng dān xīn de

☑ CHECKLIST				
1	2	3	4	5

그럼, 서비스로 머리에 영양팩을 해 드릴게요.

那么，我给您做个免费滋养面膜吧。

nàme，wǒ gěi nín zuò gè miǎn fèi zīyǎngmiànmó ba

저는 머리에 층을 많이 내고 싶어요.

我想做有层次感的造型。

wǒxiǎng zuò yǒu céngcìgǎn de zàoxíng

앞머리는 어떻게 해드릴까요?

刘海您想要做什么样的？

liú hǎi nín xiǎng yào zuò shénme yàng de?

네, 시스루 뱅(See-through Bang) 스타일로 해주세요.

请给我弄一个空气刘海。

qǐng gěi wǒ ròng yígè kōngqì liúhǎi

펌이 오래가는 편이세요?

您的烫发效果会保持很久吗？

nín de tàngfà xiàoguǒ huì bǎochí hěnjiǔ ma?

아니요. 한 달만 지나면 지저분해 보여요.

不是，过一个月就变乱了。

búshì，guò yígè yuè jiù biàn luàn le

그럼, 손상된 머리카락을 잘라야 할 것 같아요.

那可能要把损伤的头发剪掉。

nà kě néng yào bǎ sǔn shāng de tóu fa jiǎn diào

그래서 염색은 다음에 하려고요.

所以我打算下次染发。

suǒyǐ wǒ dǎsuàn xià cì rǎn fà

이쪽으로 오세요. 샴푸 해드릴게요.

请到这边来，我为您洗发。

qǐng dào zhè biān lái，wǒ wèi nín xǐ fà

잠시만요, 화장실 다녀올게요.

请稍等，我去下洗手间。

qǐng shāo děng，wǒ qù xià xǐ shǒu jiān

물이 뜨겁거나 목이 불편하시면 말씀하세요.

如果水温热或者脖子不舒服的话，请告诉我。

rúguǒ shuǐ wēn rè huòzhě bózi bùshūfu de huà，qǐng gàosu wǒ

목이 약간 불편해요.

我的脖子有点不舒服。

wǒ de bózi yǒudiǎn bùshūfu

☑ CHECKLIST				
1	2	3	4	5

드라이까지 도두 끝났습니다.

吹完头发了，现在所有的都结束了。

chuī wán tóu fa le，xiànzài suǒyǒu de dōu jié shù le

웨이브 펌이 자연스럽네요. 감사합니다.

这个卷发真自然，谢谢您。

zhège juǎnfà zhēn zìrán，xièxie nín

04 모발의 구성 성분

모발의 구성성분인 아미노산은 탄소, 수소, 질소, 유황, 산소로 구성되어 있다.

构成毛发的氨基酸里含有碳纤维，氢原子，氮原子，硫黄，氧气分子等。

gòuchéng máofà de ānjīsuān lǐ hányǒu tànxiānwéi，qīng yuánzǐ，dàn yuánzǐ，liúhuáng，yǎngqì fēnzǐ děng.

■ 헤어제품

샴푸 洗发水	비누 등의 세제를 사용하여 두피나 모발에 붙어 있는 땀 · 피지 · 먼지 등을 씻어내는 제품이다. 使用肥皂能洗剂洗除头皮和头发上附着的汗水、皮脂、灰尘等。
린스 护发素 润发液	부드러운 광택이 있는 모발로 만들기 위하여 머리를 헹굴 때 사용한다. 洗发时为了让头发富有光泽而使用。
트리트먼트 护发修护素	샴푸 후 모발에 남은 물기를 잘 짜낸 후 적당량을 덜어 모발 전체, 특히 모발 끝 부분에 충분히 바른 후 5~10분 정도 방치한 후 깨끗이 헹궈낸다. 洗发后就将头发上的水擦去，然后取适量的护发修护素充分涂抹在所有头发上特别是发梢的部分。然后等待五到十分钟，最后冲洗干净。

05 모발의 성장 주기

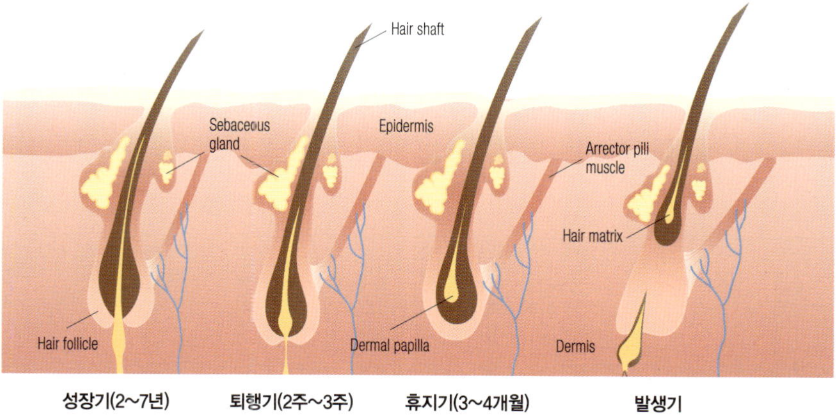

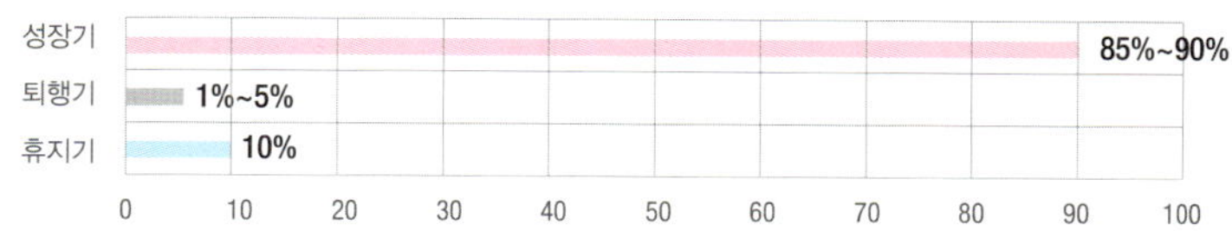

■ 모발의 성장 주기

성장기 Anagen stage 生长期	성장기 모발의 평균수명은 3~6년이며, 전체 모발의 약 80~90%를 차지한다. 生长期占到所有毛发的约八十到百分之九十左右，还有平均寿命是大概三到六年。
퇴행기 catagen 退行期	모발 성장의 대사과정이 느려지는 시기로 퇴화기간은 1~1.5개월이며 전체 모발의 약 1%를 차지한다. 毛发生长新陈代谢变换慢的过程。 退化期大概是一至一点五个月，占到所有毛发的约百分之一。
휴지기 Talogen 休止期	모유두가 위축되고 모낭은 차쯤 쪼그라들어 모발이 위쪽으로 올라가 빠진다. 기간은 4~5개월로 전체 모발의 약 10~14%를 차지한다. 休止期里，毛乳头萎缩，毛囊逐渐干瘪，毛发则会从左侧脱落. 它的时间大概是四到五个月，占到所有毛发的十到百分之十四左右。
발생기 New anagen 再生期	새로 성장하는 모발은 휴지기에 있던 모발을 밀어내어 자연 탈모된다. 新生的头发会将休止期的毛发提出形成自然脱发。

삶의 질은 당신의 습관에 의해 결정된다.

生活质量是由你的习惯决定的。
shēnghuó zhìliàng shì yóu nǐ de xíguàn juédìng de

/

JEAN PAUL GETTY

PART

08

/

MEDICAL SKIN CARE

메디컬 스킨 케어

핵심단어

응용문장

Q & A

피부관리 프로그램

피부관리 차트

01 핵심단어

관리계획차트	皮肤管理图表	pífūguǎnlǐtúbiǎo
크리스탈 필링	水晶去角质	shuǐjīngqùjiǎozhì
앰플	安瓿	ānbù
효소	酵素	xiàosù
매뉴얼테크닉	手工按摩	shǒugōngànmó
스웨디시 테라피	瑞典式疗法	ruìdiǎnshìliáofǎ
림프	淋巴	línbā
디톡스	排毒	páidú
콜라겐 벨벳	胶原蛋白丝绒	jiāoyuándànbáisīróng
바디랩	包裹身体	bāoguǒshēntǐ
활성산소	活性氧	huóxìngyǎng
이온토포레시스	电离子导入机器	diànlízǐdǎorùjīqì
목 관리	颈部护理	jǐngbùhùlǐ
아율베딕 테라피	印度草药疗法	yìndùcǎoyàoliáofǎ
수족냉증	手脚冰冷症	shǒujiǎobīnglěngzhèng
제모 관리	脱毛管理	tuōmáoguǎnlǐ
염증성 구진	炎症性丘疹	yánzhèngxìngqiūzhěn
고객 가운	顾客服	gùkèfú
터번(Turban)	头巾	tóujīn
갑 티슈	(化妆用)绵纸	miánzhǐ
클렌징 티슈	清洁湿巾	qīngjiéshījīn
면솜	棉花	miánhuā
거즈	纱布	shābù
팩붓	脸刷	liǎnshuā
해면	海绵	hǎimián
유리볼	玻璃碗	bōlíwǎn
타월	毛巾	máojīn

☑ CHECKLIST

1	2	3	4	5

정리가위	整理剪刀	zhěnglǐjiǎndāo
족집게	镊子	nièzi
솜통	棉花桶	miánhuātǒng
바구니	篮子	lánzi
제모세트	脱毛套装	tuōmáotàozhuāng
쟁반	托盘	tuōpán
눈썹칼	修眉刀	xiūméidāo
석고 팩	石膏面膜	shígāomiànmó
모델링 팩	泥浆面膜	níjiāngmiànmó
미세먼지	微尘	wēichén
색소침착 기전	色素沉着机理	sèsùchénzhuójīlǐ
초음파용 젤	超声波凝胶	chāoshēngbōníngjiāo
고주파기기	高频设备	gāopínshèbèi
베개	枕头	zhěntou
슬리퍼	拖鞋	tuōxié
조명	灯光	dēngguāng
현기증	眩晕	xuànyùn
공황장애	恐慌症	kǒnghuāngzhèng
신종플루	甲型流感病毒	jiǎxíngliúgǎnbìngdú
천식	哮喘	xiàochuǎn
자가면역질환	自身免疫性疾病	zìshēnmiǎnyìxìngjíbìng
체성분검사	体躯成分检查	tǐqūchéngfènjiǎnchá
유착성 관절낭	粘连性关节囊	zhānliánxìngguānjiénáng
콘택트렌즈(Contact lenses)	隐形眼镜	yǐnxíngyǎnjìng

02 응용문장

✔ 실례지만, 어떤 광고 보고 오셨나요?

请问，您是看了什么广告来？

qǐngwèn，nín shì kàn le shénme guǎng gào lái?

✔ 고객 차트 작성해 주세요.

请填写顾客登记表。

qǐng tiánxiě gùkè dēngjìbiǎo

✔ 주말에 등산 다녀왔나요?

您周末去登山了吗?

nín zhōu mò qù dēng shān le ma?

✔ 피부 진단을 해드리겠습니다.

将要给您做皮肤诊断。

jiāng yào gěi nín zuò pí fū zhěn duàn

✔ 귀중품은 데스크에 맡겨 주세요.

请把贵重物品保管在咨询台。

qǐng bǎ guì zhòng wù pǐn bǎo guǎn zài zī xún tái

✔ 고객님 탈의실은 이쪽입니다.

您的更衣室在这里。

nín de gēng yī shì zài zhè lǐ

✔ 이 고객 가운으로 갈아입고 나오세요.

请换一下这件检查服。

qǐng huàn yíxià zhèjiàn jiǎnchá fú

☑ CHECKLIST				
1	2	3	4	5

✔ 일회용 속옷으로 갈아입어 주세요.

请换上一次性内衣。

qǐng huàn shàng yícì xìng nèi yī

✔ 금속제품은 착용하시면 안 됩니다.

请不要佩戴金属制品。

qǐng bú yàopèidài jīnshǔ zhì pǐn

✔ 저 베드 위에 누워주세요.

请躺在那个床上。

qǐng tǎng zài nà ge chuáng shàng

✔ 제품은 차갑습니다.

这个产品会有些凉。

zhège chǎnpǐn huì yǒu xiē liáng

✔ 얼굴을 왼쪽으로 돌리세요.

请把脸转向左边。

qǐng bǎ liǎn zhuǎn xiàng zuǒ biān

✔ 긴장을 풀어주세요.

请放松。

qǐng fàng sōng

✔ 포인트 클렌징을 시작하겠습니다.

现在为您做重点清洁。

xiàn zài wèi nín zuò zhòng diǎn qīng jié

✔ 온습포가 조금 뜨겁습니다.

这个热敷会有些热。

zhège rè fū huì yǒuxiē rè

✔ 냉습포는 조금 차갑습니다.

这个冷敷会有些冷。

zhège lěng fū huì yǒuxiē lěng

✔ 매뉴얼 테크닉을 할 때 간지러우면 손을 들어주세요.

做按摩时，如果您觉得痒，请举手告诉我。

zuò àn mó shí，rú guǒ nín jué dé yǎng, qǐng jǔ shǒu gàosù wǒ.

✔ 테크닉 압은 어떠세요?

您觉得按摩的力道怎么样？

nín juéde ànmó de lì dào zěnme yàng?

✔ 총 마무리까지 30분 후에 마무리 됩니다.

半个小时后能全部结束。

bàn gè xiǎo shí hòu néng quán bù jié shù

✔ 모델링 마스크를 해드리겠습니다.

为您做造型面膜。

wèi nín zuò zàoxíng miànmó

✔ 홈케어 관리도 중요합니다.

家庭护理也很重要。

jiātíng hù lǐ yě hěn zhòng yào

☑ CHECKLIST				
1	2	3	4	5

✔ 스파 관리는 치료가 아닌 예방 관리입니다.

SPA管理是预防管理，不是治疗。

SPA guǎn lǐ shì yù fáng guǎn lǐ，búshì zhì liáo

✔ 석고팩 할 때 눈을 가리는데 혹시 폐쇄공포증 있으세요?

做石膏面膜时需要遮盖住眼睛，请问您有没有幽闭恐惧症？

zuò shí gāo miàn mó shí xūyào zhēgài zhù yǎn jīng，qǐngwèn nín yǒuméiyǒu yōu bì kǒng jù zhèng?

✔ 현재 임신을 하셨거나 임신 가능성이 있습니까?

目前是否怀孕或有怀孕的可能性？

mùqián shìfǒu huáiyùn huò yǒu huáiyùn de kěnéng xìng?

03 Q & A

어서오세요, 어떤 상담을 원하십니까?

欢迎光临，请问您想咨询什么？

huān yíng guāng lín，qǐngwèn nín xiǎng zī xún shénme?

저는 미백관리를 받고 싶습니다.

我想做美白管理。

wǒ xiǎng zuò měi bái guǎn lǐ

자극적이거나 불편하시면 말씀해 주세요.

如果觉得皮肤刺激或有其他不适，请告诉我。

rúguǒ juéde pífū cìjī huò yǒuqítābúshì，qǐng gào su wǒ

조금 따끔거려요.

有一点儿刺痛。

yǒu yìdiǎnr cì tòng

레이저 및 필러시술 받으신 적 있으세요?

请问您有没有做过激光手术及玻尿酸？

qǐngwèn nín yǒuméiyǒu zuò guò jī guāng shǒu shù jí bō niào suān?

네, 한 달 전에 IPL 레이저 받았어요.

是的，一个月前做过IPL激光手术。

shì de，yígè yuè qián zuòguò IPL jīguāng shǒushù

☑ CHECKLIST				
1	2	3	4	5

화이트닝 관리는 몇 달에 몇 번 받는 게 좋나요?

美白管理几个月做几次比较好？

měi bái guǎn lǐ jǐ gè yuè zuò jǐ cì bǐ jiào hǎo ?

고객님 피부 상태에 따라 다릅니다.

根据您的皮肤状态会有所不同。

gēnjù nín de pífū zhuàng tài huì yǒu suǒ bù tóng

트러블이 언제 생겼나요?

您皮肤这里过敏的部分是什么时候开始有的呀？

nín pífū zhèli guòmǐn de bùfen shì shénme shíhòu kāishǐ yǒude ya?

화장품이 바뀌어서 생긴 것 같아요.

好像是换了个化妆品后长出来的。

hǎo xiàng shì huàn le gè huà zhuāng pǐn hòu zhǎng chūlái de

저의 피부는 어떤 타입인가요?

我的皮肤是什么类型的？

wǒ de pífū shì shénme lèi xíng de?

복합성 피부입니다.

您属于混合性肌肤。

nín shǔyú hùnhé xìng jī fū

고객님은 페이스 관리와 등 관리를 받는 게 효과적입니다.

您接受脸部管理和背部管理的话，会比较有效果。

nín jiēshòu liǎn bù guǎn lǐ hé bèibù guǎnlǐ de huà，huì bǐ jiào yǒu xiàoguǒ

네, 등에도 여드름이 있어서요.

好，背上也有痘痘。

hǎo，bèi shàng yě yǒu dòu dòu

선생님, 여드름 좀 짜주세요.

老师，请帮我挤一挤青春痘。

lǎoshī，qǐng bāng wǒ jǐ yī jǐ qīng chūn dòu

다이어트 관리도 하나요?

这里也有减肥管理吗?

zhèlǐ yěyǒu jiǎn féi guǎn lǐ ma?

네, 기기를 이용하여 병행 관리하는 방법도 있습니다.

有的，有使用机器同时进行管理的方法。

yǒu de，yǒu shǐ yòng jī qì tóng shí jìnxíng guǎnlǐ de fāng fǎ

☑ CHECKLIST				
1	2	3	4	5

피부가 좋아지려면 얼마 동안 관리를 받아야 하나요?

要想皮肤变好，应该接受多久的皮肤管理呢?

yào xiǎng pífū biàn hǎo，yīnggāi jiēshòu duōjiǔ de pífū guǎn lǐ ne?

고객마다 다르지만 6개월 이상 받아야 합니다.

根据每个顾客的情况会有所不同，但一般都需要六个月以上的时间。

gēnjù měi gè gùkè de qíng kuàng huì yǒu suǒ bùtóng，dàn yìbān dōu xūyào liù gè yuè yǐshàng de shí jiān

고객님 관리가 다 끝났습니다. 일어나는 것을 도와드리겠습니다.

管理都结束了。我帮您起来。

guǎnlǐ dōu jie shù le. wǒ bāng nín qǐ lái

정말 좋았어요! 감사합니다.

真的好棒啊！谢谢。

zhēn de hǎo bàng a! xièxie

04 피부관리 프로그램 肌肤管理项目

■ 집중보습관리

집중보습관리 集中保湿管理	환절기나 쉽게 건조해지는 계절에 피부 속 유수분을 꽉 채워주고 유지시켜주는 관리 为在换季期容易干燥的肌肤补充油水分并维持油水分平衡
관리순서 管理顺序	클렌징 → 딥클렌징 → 앰플 → 영양팩 → 가슴 데콜테 → 스웨디시 테크닉 → 특수마스크 → 마무리 清洁 → 深层清洁 → 安瓿 → 营养面膜 → 前胸区护理 → 瑞典式按摩 → 特殊面膜 → 收尾

■ 안티에이징

안티에이징 抗老化	팔자주름이나 잔주름을 예방하는 고농축 에센스를 이용하여 두턱을 방지하며 피부의 노화를 예방시켜주는 관리 利用预防法令纹和细纹生成的高浓缩精华液，防止出现双下巴并预防肌肤老化
관리순서 管理顺序	복부 디톡스 관리 → 클렌징 → 딥클렌징(고마쥐) → 1차 영양팩 → 안티에이징 앰플 → 가슴 데콜테 → 석고 마스크 → 매뉴얼 테크닉 → 콜라겐 벨벳 마스크 → 마무리 腹部排毒管理 → 清洁 → 深层清洁(去角质) → 第一次营养面膜 → 抗老化安瓿 → 前胸区护理 → 石膏面膜 → 手工按摩 → 胶原蛋白丝绒面膜 → 收尾

■ 화이트닝

화이트닝 美白	자외선 및 활성산소로 인해 피부가 칙칙해지고 자연 노화로 인해 불규칙한 피부 색소 침착에 효과적인 화이트닝 관리 对因紫外线及活性氧引起的肌肤暗沉现象和因自然老化引起的肌肤不规则色素沉着现象起到显著的美白效果
관리순서 管理顺序	크리스탈 필링 → 비타민 C + 이온토포레시스 기기 → 가슴 데콜테 → 미백 영양팩 → 스웨디시 매뉴얼 테크닉 → 석고 마스크 → 마무리 去角质水晶 → 维生素C+电离子导入机器 → 前胸区护理 → 美白营养面膜 → 瑞典式手工按摩 → 石膏面膜 → 收尾 * 매뉴얼테크닉(手工按摩)、스웨디시(swedish): 瑞典式

■ 예민성 피부

예민성 피부 敏感性肌肤	365일 예민한 피부를 대상으로 진정효과와 보습력을 주며 자연적인 재생을 돕는 관리 针对三六五天敏感的肌肤，赋予肌肤镇定与保湿效果，帮助肌肤自然再生
관리순서 管理顺序	클렌징 → 순수팩 → 넥 케어 + 가슴 데콜테 → 알로에베라 에센스 매뉴얼 테크닉 → 순수 모델링 마스크 → 마무리(진정) 清洁 → 纯净面膜 → 颈部护理 + 前胸区护理 → 芦荟叶汁精华手工按摩 → 纯净泥浆面膜 → 收尾(镇定)

■ 여드름 관리

여드름 관리 痘痘管理	천연 과일에서 추출한 산을 이용하여 묵은 각질을 제거하여 1차 여드름 발생을 방지해주는 관리 利用提取自天然水果的水果酸，去除堆积的角质，防止痘痘的初次发生
관리순서 管理顺序	AHA 필링 → 피지조절팩 → 피지 제거 → 여드름앰플 → Sulfer마스크 → 가슴 림프 테크닉 → 마무리 AHA去角质 → 皮脂调节面膜 → 皮脂去除 → 痘痘专用安瓿 → 硫面膜 → 胸部淋巴按摩 → 收尾

■ 전신디톡스 관리(다이어트 관리)

전신디톡스 관리 (다이어트 관리) 全身排毒管理 (减肥管理)	인도에서 5000년 이상 발전되어 온 인도 정통 트리트먼트로 자율신경계를 안정시켜 전신을 순환하여 몸의 경직을 이완해 주는 관리 采用拥有五千多年发展历史的印度护理方法，调整自律神经系，促进全身循环，使僵硬的身体松弛下来
관리순서 管理顺序	바디클렌저 → 아율베딕 → 테크닉(Massage) → 고주파관리 → 바디랩핑 → 마무리 身体清洁 → 印度草药按摩 → 皮肤按摩 → 高频护理 → 包裹身体 → 收尾

■ 림프 부종 관리

림프 부종 관리 淋巴浮肿管理	몸의 림프순환에 문제가 생겨 전신부종 및 수족냉증을 유발하는 것을 방지하고 몸의 독소가 만들어지는 것을 예방하는 관리 防止由身体淋巴循环出现问题所导致的全身浮肿及手脚冰冷症状的发生，预防身体毒素的生成
관리순서 管理顺序	전신 스트레칭 → 왼쪽(오른쪽) 소흉근, 대흉근 부분을 이완 → 얼굴 림프드레나쥐 → 마무리 全身伸展运动 → 松弛左(右)小胸肌、大胸肌部分 → 面部淋巴引流 → 收尾

■ 제모 관리

제모 관리 脱毛管理	피부에 부작용이 적으며 한 달에 한 번 관리해주는 제모 관리 对皮肤的副作用小，一个月一次的脱毛管理
관리순서 管理顺序	제모 부위 소독 → 파우더 처리 → 웜왁스 온도 체크 → 왁스 바르기 → 부직포로 제거(털이 난 반대 방향으로 제거) → 마무리(soothing gel) 脱毛部位消毒 → 抹粉饼 → 检查暖蜡温度 → 涂抹蜡 → 用无纺织布脱毛(延毛发生长的相反方向脱毛) → 收尾(舒缓凝胶)

■ **여드름 발생과정** 痘痘的形成过程

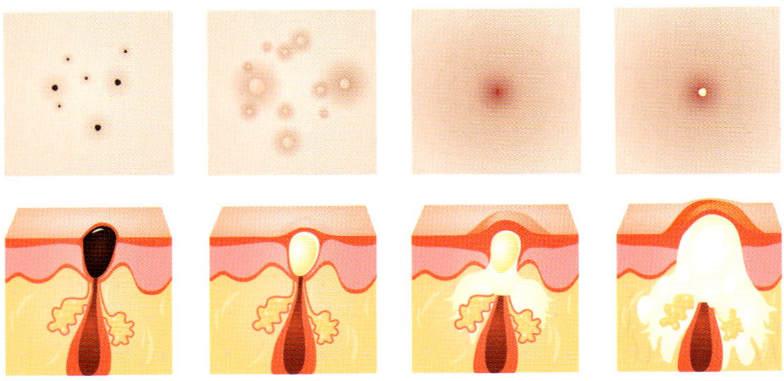

미세면포 微粉刺 → 면포 형성 粉刺形成 → 염증성 구진 炎症性丘疹 → 결절 형태 结节形态

■ **피지선 피부 단면도** 皮脂腺的皮肤断面图

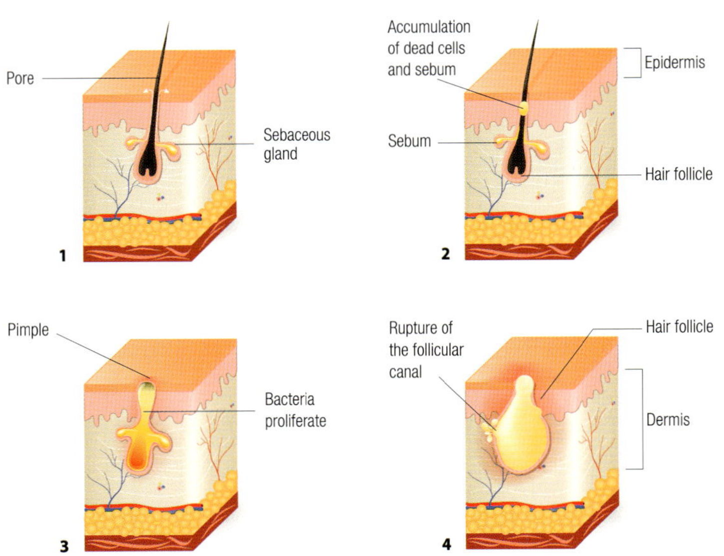

NOTE

05 피부관리 차트 (예시)

■ 한국어

관리계획차트(Care Plan Chart)				
날짜 . . .	성명:		☎ H.P:	
관리목적 및 기대효과	관리목적			
	기대효과			
클렌징	☐ 오일	☐ 크림	☐ 밀크/로션	☐ 젤
딥클렌징	☐ 고마쥐(gomage)	☐ 효소(enzyme)	☐ AHA	☐ 스크럽
매뉴얼테크닉 제품타입	☐ 오일	☐ 크림		
손을 이용한 관리형태	☐ 일반	☐ 림프		
팩	T존	☐ 정상타입 팩	☐ 건성타입 팩	☐ 지성타입 팩
	U존	☐ 정상타입 팩	☐ 건성타입 팩	☐ 지성타입 팩
	목부위	☐ 정상타입 팩	☐ 건성타입 팩	☐ 지성타입 팩
마스크	☐ 석고 마스크	☐ 고무모델링 마스크		
고객 관리 계획	1주			
	2주			
	3주			
	4주			
자가관리조언 (홈케어)	제품을 사용한 관리			
	기타			

■ 중국어

皮肤管理图表		
日期　. 　. 　.	姓名:	电话号码:

管理的目的 及 期待效果	管理的目的
	期待效果
洁面	□ 油　□ 乳油　□ 乳液　□ 胶型
去角质	□ gomage　□ 酵素(enzyme)　□ AHA　□ 磨砂膏
手工按摩 产品类型	□ 油　□ 乳油
利用手法管理形式	□ 普通　□ 淋巴
面膜霜	T区　□ 正常类型面膜　□ 干燥类型面膜　□ 油性类型面膜
	U区　□ 正常类型面膜　□ 干燥类型面膜　□ 油性类型面膜
	项部　□ 正常类型面膜　□ 干燥类型面膜　□ 油性类型面膜
粉面膜	□ 石膏面膜　□ 造型面膜
顾客管理计划	1周
	2周
	3周
	4周
自我管理的建议 (家庭护理)	用产品的管理
	其他

인생의 가장 큰 고통은 꿈에서 깨어났을 때 갈 길이 없는 것이다.

人生最大的痛苦是梦醒了之后无路可走。

rénshēng zuìdà de tòngkǔ shì mèng xǐng le zhīhòu wú lù kě zǒu

/

鲁迅

PART

09

/

DERMATOLOGY

피부과

핵심단어

응용문장

Q & A

기기 원리

주의사항 및 부작용

01 핵심단어

표피	表皮	biǎopí
각질층	角质层	jiǎozhìcéng
기저층	基底层	jīdǐcéng
진피층	真皮层	zhēnpícéng
유두층	乳头层	rǔtóucéng
망상층	网状层	wǎngzhuàngcéng
모공	毛孔	máokǒng
피지선	皮脂腺	pízhīxiàn
패인 흉터	敞口疤痕	chǎngkǒubāhén
흉터 재생 주사	疤痕再生注射	bāhénzàishēngzhùshè
켈로이드	瘢痕瘤	bānhénliú
모낭반점형 위축피부	毛囊斑点型萎缩皮肤	máonángbāndiǎnxíngwěisuōpífū
탄력섬유융해증	弹力纤维溶解症	tánlìxiānwéiróngjiězhèng
히알루론산	透明质酸	tòumíngzhìsuān
물광주사	水光注射	shuǐguāngzhùshè
보톡스	肉毒素	ròudúsù
레이저	激光	jīguāng
백반증	黏膜白斑病	niánmóbáibānbìng
메디컬 에스테틱	医学皮肤护理	yīxuépífūhùlǐ
모세혈관확장증	毛细血管扩张症	máoxìxuèguǎnkuòzhāngzhèng
피부 생검 검사	皮肤活体组织检查	pífūhuótǐzǔzhījiǎnchá
감염	感染	gǎnrǎn
재진	复诊	fùzhěn
통증	疼痛	téngtòng
부종	肿胀	zhǒngzhàng

CHECKLIST				
1	2	3	4	5

비립종	粟粒疹	sùlìzhěn
한관종	汗管瘤	hànguǎnliú
에크린선	小汗腺	xiǎohànxiàn
아포크린선	大汗腺	dàhànxiàn
아토피 피부염	过敏性皮炎	guòmǐnxìngpíyán
메조테라피 시술	内消旋手术	nèixiāoxuánshǒushù
생체전기	生物电流	shēngwùdiànliú
진료예약	就诊预约	jiùzhěnyùyuē
진료과	门诊科	ménzhěnkē
주치의	主治医生	zhǔzhìyīshēng

02 응용문장

✔ 약은 지시대로 드세요.

请按照指示服药。

qǐng àn zhào zhǐ shì fúyào

✔ 여드름 흉터는 얼음 송곳 자국형 흉터, 동그란 모양이 있습니다.

痤疮疤痕有冰锥型疤痕、圆形疤痕。

cuóchuāng bāhén yǒu bīng zhuī xíng bāhén, yuán xíng bāhén

✔ 비립종은 피부의 얇은 부위에 위치한 작고 둥근 각질 주머니로 레이저로 치료 가능합니다.

粟粒疹是在肌肤浅部生出的小而圆的角质囊，可用激光治疗。

sù lì zhěn shì zài jīfū qiǎn bù shēng chū de xiǎo ér yuán de jiǎo zhì náng, kě yòng jī guāng zhì liáo

✔ 한관종은 에크린 땀샘의 분비관에서 기원한다고 알려져 있으며, 홍갈색의 구진 형태로 미용적 문제가 됩니다.

汗管瘤源于小汗腺的分泌管，为赭丘疹形态，是美容方面的问题。

hàn guǎn liú yuán yú xiǎo hànxiàn de fēn mì guǎn, wèi zhě qiū zhěn xíngtài, shì měiróng fāngmiàn de wèntí

✔ 피부재생 시술에는 상처치유, 세포재생 효과가 있는 자가혈을 피부에 주사하는 자가혈 피부재생술인 PRP(Platelet rich plasma)라는 시술 방법이 있습니다.

皮肤再生手术是利用自体血液向皮肤注射，具有伤口治疗、细胞再生等效果的手术方法，被称为自体血液皮肤再生术PRP(Platelet rich plasma)。

pífū zàishēng shǒushù shì lìyòng zìtǐ xuèyè xiàng pífū zhùshè, jùyǒu shāngkǒu zhìliáo, xìbāo zàishēng děng xiàoguǒ de shǒushù fāngfǎ, bèi chēng wéi zìtǐ xuèyè pífū zài shēngshù

☑ CHECKLIST

1	2	3	4	5

✔ 메조테라피(Meso Therape) 시술은 적은 양의 약물을 주입하는 방법입니다.

内消旋(Meso Therapie) 手术疗法是注入少量药物的疗法。

nèi xiāo xuán(Meso Therapie) shǒu shù liáo fǎ shì zhù rù shǎo liàng yào wù de liáo fǎ

✔ 운동하시거나 사우나 등 땀을 흘리실 경우 땀과 약물이 함께 배출될 수 있으니 땀을 흘리시는 것은 가급적 피하세요.

术后在运动或蒸桑拿时会出汗，这时汗液和药物可能会一起排出，所以请尽量避免出汗。

shùhòu zài yùn dòng huò zhēng sāng ná shí huì chū hàn，zhè shí hàn yè hé yào wù kě néng huì yì qǐ pái chū，suǒyǐ qǐng jǐn liàng bì miǎn chū hàn

✔ 피부 가려움증은 노화된 피부의 수분 함유량 감소와 점진적인 피지 분비의 감소로 인한 피부 건조가 주요한 원인입니다.

皮肤瘙痒症主要是由皮肤干燥所引起的，而皮肤干燥是由老化皮肤的含水量减少和渐进性的皮脂分泌减少所引起的。

pífū sào yǎng zhèng zhǔ yào shì yóu pífū gān zào suǒ yǐnqǐ de，ér pífū gānzào shì yóu lǎohuà pífū de hán shuǐ liàng jiǎn shǎo hé jiàn jìn xìng de pí zhī fēnmì jiǎnshǎo suǒ yǐnqǐ de

✔ 아토피 피부염은 가려움증을 주된 증상으로 하는 만성적인 염증성 피부질환입니다.

过敏性皮炎是以瘙痒为主要症状的慢性炎症性皮肤病。

guò mǐn xìng pí yán shì yǐ sàoyǎng wéi zhǔyào zhèng zhuàng de màn xìng yán zhèng xìng pí fū bìng

✔ 문제성 피부는 소양감, 작열감, 피부건조증이 동반됩니다.

问题性皮肤通常伴有瘙痒、灼热、皮肤干燥症状。

wèntí xìng pífū tōng cháng bàn yǒu sào yǎng，zhuó rè, pífū gānzào zhèng zhuàng

✔ 물광주사는 고농도의 히알루론산을 진피층에 균일하게 주입합니다.

水光注射是将高浓度的透明质酸均匀地注入到真皮层。

shuǐ guāng zhù shè shì jiāng gāo nóng dù de tòu míng zhì suān jūn yún de zhù rù dào zhēn pí céng

✔ 얼굴 전체의 탄력과 재생력을 회복시켜주는 시술입니다.

是一种恢复整个脸部的弹性与再生的手术方法。

shì yì zhǒng huī fù zhěng gè liǎn bù de tán xìng yǔ zài shēng de shǒu shù fāng fǎ

✔ 보톡스는 다양한 종류의 얼굴 주름, 사각턱, 다한증, 모공 축소 등의 치료에 사용합니다.

肉毒杆菌用于各种面部皱纹，方下巴手术，多汗症、缩小毛孔等治疗。

ròu dú gǎn jūn yòng yú gè zhǒng miàn bù zhòu wén，fāng xià bā shǒushù, duō hàn zhèng, suōxiǎo máokǒng děng zhì liáo

✔ 필러 주사는 흉터 부위나 꺼지고 주름진 부위에 피부 성분과 비슷한 물질을 삽입하는 방법입니다.

填充注射是填充疤痕或在塌陷、生成皱纹的部位填充进与皮肤成分相似的物质的方法。

tiánchōng zhù shè shì tián chōng bāhén huò zài tāxiàn，shēngchéng zhòuwén de bùwèi tiánchōng jìn yǔ pífū chéngfèn xiāngsì de wùzhì de fāngfǎ

✔ 윤곽주사는 지방을 분해하고 배출하는 데 도움이 되는 주사로 처진 볼살과 이중턱, 광대 부위 등 얼굴을 갸름하게 하는 데 효과적입니다.

轮廓注射有助于分解和排出脂肪，对脸部下垂、双下巴、颧骨部位等将脸部修整为鹅蛋脸方面有很好的效果。

lúnkuò zhùshè yǒu zhù yú fēnjiě hé páichū zhīfáng，duì liǎn bù xiàchuí, shuāng xiàbā, quán gǔ bùwèi děng jiāng liǎn bù xiūzhěng wéi é dànliǎn fāng miàn yǒu hěn hǎo de xiàoguǒ

☑ CHECKLIST

1	2	3	4	5

✔ 튼살은 흉터, 임신, 체중 증가 등으로 인한 갑작스러운 피부 팽창에 의해 발생합니다.

肥胖纹是由疤痕，怀孕，体重增加造成的皮肤突然膨胀所引起的。

féi pàng wén shì yóu bā hén，huáiyùn, tǐzhòng zēng jiā zào chéng de pífū tū rán péng zhàng suǒ yǐnqǐ de

✔ 코코아버터는 보습감이 풍부하여 갈라진 피부나 입술에 효과적이며 튼살 방지에 매우 효과적입니다.

可可油富含保湿感，对开裂的皮肤或嘴唇有很好的效果，还可有效防止肥胖纹的生成。

kě kě yóu fù hán bǎoshī gǎn, duì kāi liè de pífū huò zuǐ chún yǒu hěn hǎo de xiàoguǒ, hái kě yǒuxiào fángzhǐ féipàng wén de shēngchéng

✔ 레이저를 이용하여 피부 속의 콜라겐 섬유의 재생을 유도하여 튼살을 호전시킵니다.

利用激光诱导皮肤内胶原纤维的再生，从而使肥胖纹好转。

lìyòng jīguāng yòudǎo pífū nèi jiāoyuán xiānwéi de zàishēng，cóng ér shǐ féipàng wén hǎozhuǎn

✔ 실리프팅은 체내 용해형 PDO실을 피부 진피층에 주입해 콜라겐 생성을 자극하여 피부 탄력과 리프팅을 해줍니다.

埋线提升是通过将溶解型 PDO线注入皮肤的真皮层来刺激胶原蛋白的生成，从而使皮肤紧致、充满弹性。

mái xiàn tí shēng shì tōng guò jiāng róng jiě xíng PDO xiàn zhù rù pífū de zhēnpí céng lái cìjī jiāo yuán dànbái de shēng chéng，cóng ér shǐ pífū jǐn zhì, chōng mǎn tánxìng

✔ 시술 후 이물감이 느껴질 수 있습니다.

手术后可能会感觉到异物感。

shǒu shù hòu kě néng huì gǎn jué dào yì wù gǎn

☑ CHECKLIST				
1	2	3	4	5

✔ 일시적으로 피부가 울퉁불퉁해지는 딤플(dimple) 현상이 생길 수 있습니다.

可能会暂时出现皮肤变得凹凸不平的凹陷(dimple) 现象。

kě néng huì zhàn shí chū xiàn pífū biàn dé āo tú bù píng de āo xiàn(dimple) xiànxiàng

✔ 액취증은 모낭과 연결되어 있는 아포크린 땀샘과 세균이 만나서 생기는 냄새가 불쾌감을 줍니다.

腋臭症是与毛囊相连的顶泌汗腺遇细菌后产生的难闻气味。

yè chòu zhèng shì yǔ máo náng xiāng lián de dǐngmìhànxiàn yù xì jūn hòu chǎn shēng de nán wén qì wèi

03 Q & A

☑ CHECKLIST

1	2	3	4	5

오늘은 어떤 진료 받기를 원하시나요?

您想咨询什么？

nín xiǎng zīxún shénme?

저는 물광주사 시술을 상담 받고 싶습니다.

我想咨询一下水光注射手术。

wǒ xiǎng zīxún yíxià shuǐ guāng zhùshè shǒushù

네, 김 원장님 진료실로 안내해 드리겠습니다.

好，现在带您去金院长的诊疗室。

hǎo，xiànzài dài nín qù jīn yuàn zhǎng de zhěnliáoshì

네. 이쪽으로 가면 되나요?

好。往这边走就可以吗?

hǎo. wǎng zhè biān zǒu jiù kěyǐ ma?

피부 진단 결과 기미와 모세혈관 확장증이 있네요.

从皮肤诊断结果来看，您有褐斑和毛细血管扩张症。

cóng pífū zhěn duàn jié guǒ lái kàn，nín yǒu hè bān hé máoxì xuè guǎn kuò zhāng zhèng

저는 색소 침착이 심해서 고민입니다.

我的色素沉着很严重，我很苦恼。

wǒ de sè sù chén zhuó hěn yán zhòng, wǒ hěn kǔ nǎo

언제부터 색소가 올라왔나요?

您是从什么时候开始出现色素的？

nín shì cóng shénme shíhòu kāishǐ chūxiàn sèsù de?

일 년 전부터 피부가 얇아지면서 색소가 올라왔어요.

从一年前开始，皮肤变薄了，身上就出现了色素。

cóng yìnián qián kāishǐ，pífū biàn báo le，shēn shàng jiù chū xiàn le sè sù

피부과에서 레이저 치료 받아보신 적 있나요?

您之前在皮肤科接受过激光治疗吗？

nín zhī qián zài pífū kē jiē shòu guò jī guāng zhìliáo ma?

네, 3년 전에 한 번 프락셀(Fraxel laser) 받아봤어요.

是的，三年前接受过一次飞梭镭射治疗。

shì de，sān nián qián jiē shòuguò yícì fēisuōléishè zhì liáo

현재 피부가 예민한 상태에서 관리하기가 쉽지는 않네요.

您现在皮肤比较敏感，管理起来会上太容易。

nín xiànzài pífū bǐjiào mǐngǎn，guǎnlǐ qǐlái huì bútài róngyì

치료 기간이 얼마나 걸리나요?

治疗需要多长时间？

zhìliáo xūyào duō cháng shí jiān?

☑ CHECKLIST

1	2	3	4	5

6개월 정도 치료 후 다시 치료 경과를 봐야할 것 같아요.

治疗需要六个月左右的时间，那之后就要先看治疗结果怎么样了。

zhìliáo xūyàc liù gè yuè zuǒyòu de shíjiān，nà zhīhòu jiù yào xiān kàn zhìliáo jiéguǒ zěnme yàngle

네, 어떤 치료를 받아야 하나요?

好的，我都需要接受哪些治疗？

hǎo de，wǒ dōu xūyào jiēshòu nǎxiē zhìliáo?

스킨케어와 레이저 치료를 병행해야 합니다.

您需要同时接受皮肤护理和激光治疗。

nín xūyào tóngshí jiēshòu pífū hùlǐ hé jī guāng zhì liáo

시술 후 주의사항은 어떤 것이 있습니까?

手术后需要注意些什么呢？

shǒushù hòu xūyào zhù yì xiē shénme ne?

레이저 시술 후에 자외선차단제를 발라주고 야외 활동을 자제하는 게 좋습니다.

在激光手术后要擦防晒霜，还要避免户外活动。

zài jī guāng shǒu shù hòu yào cā fáng shài shuāng，hái yào bì miǎn hù wài huó dòng

언제까지 조심해야 하나요?

要一直注意到什么时候?

yào yìzhí zhùyì dào shénme shíhòu?

환자마다 다르지만 보통 2주 정도는 조심하셔야 합니다.

每个患者都会有所不同，但一般需要两周左右的时间。

měi gè huàn zhě dōu huì yǒu suǒ bùtóng，dàn yìbān xūyào liǎng zhōu zuǒ yòu de shí jiān

안면윤곽술이 뭐예요?

脸轮廓整形是什么？

liǎn lún kuò zhěng xíng shì shénme?

비수술적 방법으로 지방분해, 말초혈관 및 림프순환을 촉진시켜서 얼굴형에 세련된 느낌을 줍니다.

以为非手术方法促进脂肪分解，孙脉和淋巴循环，给您干练的感觉。

yǐwéi fēi shǒushù fāngfǎ cùjìn zhīfáng fēnjiě，sūn mài hé gěinín，gànliàn de gǎnjué

부작용은 없나요?

没有副作用吗？

méiyǒu fù zuò yòng ma?

☑ CHECKLIST				
1	2	3	4	5

네, 유의사항만 잘 지키면 괜찮습니다.

是的，只要注意遵守留意事项就可以了。

shì de，zhǐyào zhùyì zūn shǒu liúyì shìxiàng jiù kě yǐ le

시술 시 통증은 없나요?

手术时不疼吗？

shǒu shù shí bù téng ma?

네, 국소 마취 크림을 바르기 때문에 괜찮아요.

是的，到时会给您涂抹局部麻醉霜，所以没关系。

shì de，dào shí huì gěi nín tú mǒ júbù má zuì shuāng，suǒyǐ méi guān xì

아프지 않으면 다행이네요. 정말 감사합니다.

不疼就好！非常感谢。

bù téng jiù hǎo! fēi cháng gǎn xiè

04 기기 원리 机器的原理

■ 엑시머 레이저(Excimer laser) 准分子激光器 [zhǔnfēnzǐjīguāngqì]

파장이 짧은 자외선의 엑시머 레이저는 조직을 따로 태우지 않고 결합을 끊을 수 있는 레이저로 건선이나 피부백반증 또는 피부 병변 부위를 치료하기도 하며 두피에 직접 조사하여 치료하기도 한다.

具有短波长紫外线的准分子激光器可在不燃烧组织的情况下切割组织，可用于治疗牛皮癣，皮肤黏膜白斑病或皮肤损伤的部位，还可通过直接照射头皮来治疗。

jùyǒu duǎn bōcháng zǐwàixiàn de zhǔn fēnzǐ jīguāngqì kě zài bù ránshāo zǔzhī de qíngkuàng xià qiēgē zǔzhī, kěyòng yú zhìliáo niúpíxuǎn，pífū niánmó báibān bìng huò pífū sǔnshāng de bùwèi，hái kě tōngguò zhíjiē zhàoshè tóupí lái zhìliáo

■ 색소 레이저(Dye laser) 染料激光器 [rǎnliàojīguāngqì]

액체 레이저로 혈관성 질환을 치료하는 데 사용한다. 붉은색 또는 흙갈색에만 선택하여 작용하기 때문에 주변의 정상 피부에는 영향을 끼치지 않으며, 선택적으로 광열 분해 작용을 하여 혈관 속의 헤모글로빈만 파괴하므로 혈관질환을 치료할 때 사용한다.

利用液体激光治疗血管疾病。由于只在红色和土褐色上选择并作用，所以不会周边的正常皮肤带来影响。而且它通过选择性光热分解作用只破坏血管内的血红蛋白，在治疗血管疾病时会被使用。

lìyòng yètǐ jīguāng zhìliáo xuèguǎn jíbìng. yóuyú zhǐ zài hóngsè hé tǔ hésè shàng xuǎnzé bìng zuòyòng，suǒyǐ búhuì zhōubiān de zhèngcháng pífū dài lái yǐngxiǎng. érqiě tā tōngguò xuǎnzé xìng guāng rè fēnjiě zuòyòng zhǐ pòhuài xuèguǎn nèi de xuèhóngdànbái, zài zhìliáo xuèguǎn jíbìng shí huì bèi shǐyòng

■ 써마지 CPT(Thermage CPT system) 塑美子 [sùměizi]

특허받은 고주파(RF) 기술을 이용해 진피층을 안전하게 가열하여 기존의 콜라겐을 자극하여 새로운 콜라겐 성장을 촉진시켜 주름이 생기고 처진 피부를 개선한다.

使用已获专利的高频(RF)技术，可安全地加热真皮层，通过刺激现有的胶原蛋白，促进新的胶原蛋白生长，从而改善皱纹和下垂的皮肤。

shǐyòng yǐ huò zhuānlì de gāo pín(RF) jìshù，kě ān quán de jiārè zhēnpí céng，tōngguò cìjī xiàn yǒu de jiāoyuán dànbái，cùjìn xīn de jiāoyuán dànbái shēngzhǎng，cóngér gǎishàn zhòuwén hé xiàchuí de pífū

■ 울쎄라(Ulthera) 超声刀 [chāoshēngdāo]

초음파를 에너지를 이용하여 피부표면의 손상없이 피부 속만 치료가 가능하며 원하는 깊이에 에너지가 전달되는지 확인 가능하다. 유일하게 리프팅 장비로 FDA 승인을 받았다.

使用超声波作为能量，可只对皮肤内进行治疗而不损伤皮肤表面，而且还能够确认能量是否被输送到了希望的深度。是唯一获得FDA认证的拉皮、紧肤设备。

shǐyòng chāoshēngbō zuòwéi néngliàng，kě zhǐ duì pífū nèi jìnxíng zhìliáo ér bù sǔnshāng pífū biǎomiàn，érqiě hái néng gòu quèrèn néngliàng shìfǒu bèi shūsòng dàole xīwàng de shēndù. shì wéi yí huò dé FDA rènzhèng de lā pí，jǐn fū shèbèi

05 주의사항 및 부작용

보톡스 주의사항 毒杆菌毒素(Botox)注意事项 [ròudúgănjūndúsùzhùyìshìxiàng]

- 시술 후 보톡스가 눈가로 가지 않게끔 과격한 활동을 금지해 주세요.
  在术后为防止肉毒素移向眼角部位，禁止剧烈活动。
  zài shù hòu wèi fángzhǐ ròu dúsù yí xiàng yǎnjiǎo bùwèi，jìnzhǐ jùliè huódòng

- 사각턱 보톡스 시술 후에는 딱딱하거나 질긴 음식을 피해주세요.
  在方下巴肉毒素术后，请避免吃坚硬或坚韧的食物。
  zài fāng xiàbā ròu dúsù shù hòu，qǐng bìmiǎn chī jiānyìng huò jiānrèn de shíwù

- 시술 후 붓기, 멍은 2주 후 자연스럽게 사라집니다.
  术后出现的肿胀和淤血会在两周后自然消失。
  shù hòu chūxiàn de zhǒngzhàng hé yūxuè huì zài liǎng zhōu hòu zìrán xiāoshī

- 사우나, 찜질방, 음주, 흡연을 삼가해 주세요.
  请尽量避免去桑拿、汗蒸，禁止饮酒、吸烟。
  qǐng jǐnliàng bìmiǎn qù sāng ná，hàn zhēng，jìnzhǐ yǐnjiǔ，xīyān

■ 필러 부작용 玻尿酸副作用 [bōniàosuānfùzuòyòng]

- 필러의 시술이 잘못되어 혈관을 막아 피부 괴사가 생길 수 있습니다.
  填充手术错误时，可能会阻塞血管并引起皮肤坏死。
  tiánchōng shǒushù cuòwù shí，kě néng huì zǔ sè xuè guǎn bìng yǐn qǐ pífū huài sǐ

- 시술 후 4시간 뒤, 세안, 화장이 가능합니다.
  术后四个小时后，可洗脸、化妆。
  shù hòu sì gè xiǎo shí hòu，kě xǐ liǎn，huà zhuāng

- 시술 후 부작용을 야기할 수 있는 음주와 흡연은 최소 1주일간 피합니다.
  饮酒和吸烟会引发副作用，请在术后避免饮酒、吸烟至少一周。
  yǐn jiǔ hé xīyān huì yǐnfā fùzuòyòng，qǐng zài shù hòu bì miǎn yǐn jiǔ,
  xī yān zhì shǎo yìzhōu

- 염증 반응을 억제하기 위하여 최소 1주일 이상 금연, 금주를 해야 합니다.
  为了抑制炎症反应，请戒烟至少一周以上。
  wèile yìzhì yánzhèng fǎnyìng，qǐng jièyān zhìshǎo yìzhōu yǐshàng

- 시술 부위를 과도하게 문지르는 것을 금합니다.
  禁止过度揉搓手术部位。
  jìn zhǐ guò dù róu cuō shǒu shù bùwèi

■ 레이저 주의사항 激光注意事项 [jīguāngzhùyìshìxiàng]

- 치료 후 미백관리와 상처 재생관리를 잘해야 합니다.
  治疗后，要做好美白管理和伤口再生管理。
  zhìliáo hòu，yào zuò hǎo měibái guǎnlǐ hé shāngkǒu zàishēng guǎnlǐ

- 시술 후 3~4일부터는 시술 부위에 딱지나 각질이 생겨도 손으로 자극해서 제거하지 마세요.
  从手术三到四日后，即使在治疗部位有结痂或角质生出也请勿用手刺激去除。
  cóng shǒu shù sān dào sì rì hòu，jíshǐ zài zhìliáo bùwèi yǒu jié jiā huò jiǎo zhì shēngchū yě qǐng wù yòng shǒu cìjī，qùchú

- 무자극 성분의 자외선차단제(SPF 40 이상)를 바르는 것이 중요합니다.
  要涂抹无刺激性的防晒霜(SPF40以上)，这非常重要。
  yào túmǒ wú cìjī xìng de fángshài shuāng(SPF40 yǐshàng)，zhè fēicháng zhòngyào

- 레이저 시술 후에는 화상, 흉터, 물집, 색소변화, 감염 등의 부작용이 발생할 수 있습니다.
  激光手术后可能会产生烧伤，疤痕，水疱，色素变化等感染的副作用。
  jīguāng shǒushù hòu kěnéng huì chǎnshēng shāoshāng, bāhén，shuǐpào, sèsù biànhuà děng gǎnrǎn de fùzuòyòng

- 시술 당일은 열감이 있으면 수시로 냉찜질을 해줍니다.
  手术当天如有热感需随时进行冷敷。
  shǒushù dàng tiān rú yǒu rè gǎn xū suíshí jìnxíng lěngfū

- 시술 부위에 물집에 생기면 건드리지 말고 병원을 재방문해주세요.
  如手术部位生出水疱，请不要擅自处理，请再次来医院处理。
  rú shǒushù bùwèi shēngchū shuǐpào，qǐng búyào shànzì chǔlǐ，qǐng zàicì lái yīyuàn chǔlǐ

- 한 달 3~5회 시술을 권장하며, 피부 예민도에 따라 부작용이 생길 수 있습니다.
  建议每月进行三到五次手术，根据皮肤的敏感程度可能会产生副作用。
  jiànyì měi yuè jìnxíng sāndàowǔ cì shǒushù，gēnjù pífū de mǐn gǎn chéng dù kě néng huì chǎnshēng fùzuòyòng

NOTE

본연의 우아한 아름다움을 지키지 못한다면,
우리는 영혼의 빛을 잃게 될 것입니다.

如果不能守住本来的优雅美，我们就会失去灵魂的光芒。
rúguǒ bùnéng shǒuzhù běnlái de yōuyǎ měi,
wǒmen jiù huì shīqù línghún de guāngmáng

/

김규리

PART

10

/

PLASTIC SURGERY

성형외과

01 핵심단어

성형수술	整形手术	zhěngxíngshǒushù
눈꺼풀	眼睑	yǎnjiǎn
눈꼬리	外眼角	wàiyǎnjiǎo
눈점막	眼黏膜	yǎnniánmó
상안검	上眼睑	shàngyǎnjiǎn
뒤트임	开外眼角手术	kāiwàiyǎnjiǎoshǒushù
앞트임	开内眼角手术	kāinèiyǎnjiǎoshǒushù
무쌍꺼풀	单眼皮	dānyǎnpí
절개법	切开法	qiēkāifǎ
매몰법	埋线法	máixiànfǎ
몽고주름	蒙古皱纹	ménggǔzhòuwén
안검하수 교정술	眼睑下垂矫正术	yǎnjiǎnxiàchuíjiǎozhèngshù
코수술 (단순융비술)	鼻部手术 (单纯隆鼻术)	bíbùshǒushù (dānchúnlóngbíshù)
실리콘	硅胶	guījiāo
코어텍스	膨体	péngtǐ
비중격연골이식	鼻中膈软骨移植	bízhōnggéruǎngǔyízhí
콧방울, 콧날개	鼻翼	bíyì
매부리코	鹰钩鼻	yīnggōubí
콧대(콧등)	鼻梁	bíliáng
코 끝	鼻尖	bíjiān
콧구멍	鼻孔	bíkǒng
휘어진 코	歪鼻	wāibí
안면윤곽술	脸部轮廓手术	liǎnbùlúnkuòshǒushù
양악수술	双颌前突手术	shuānghéqiántūshǒushù
돌출입	突嘴	tūzuǐ

☑ CHECKLIST				
1	2	3	4	5

관자놀이	额角	éjiǎo
광대뼈	颧骨	quángǔ
턱끝	下巴尖	xiàbājiān
사각턱	方下巴	fāngxiàbā
가슴 확대	隆胸手术	lóngxiōngshǒushù
함몰유두 성형	乳头凹陷矫正	rǔtóuāoxiànjiǎozhèng
임신	怀孕	huáiyùn
가임기	可孕期	kěyùnqī
인공생체조직	人工生物组织	réngōngshēngwùzǔzhī
유선조직	乳腺组织	rǔxiànzǔzhī
출산	生产	shēngchǎn
모유수유	母乳喂养	mǔrǔwèiyǎng
보정물 삽입형	保形物插入型	bǎoxíngwùchārùxíng
얼음찜질	冰敷	bīngfū
구순구개열	唇腭裂	chúnèliè
화상	烧伤	shāoshāng
식염수	生理盐水	shēnglǐyánshuǐ
실밥 제거	拆线	chāixiàn
멍	淤血	yūxuè
가족력	家族病史	jiāzúbìngshǐ
MRI	核磁共振	hécígòngzhèn
Bone scan	骨骼扫描	gǔgésǎomiáo
검사소견서	检查意见书	jiǎncháyìjiànshū
병실	病房	bìngfáng
입원하다	住院	zhùyuàn
퇴원하다	出院	chūyuàn

02 응용문장

✔ 상처부위를 깨끗하게 하여 감염되지 않도록 주의해야 합니다.

要保持伤口部位的清洁，注意不要感染。

yào bǎochí shāngkǒu bùwèi de qīngjié，zhùyì búyào gǎnrǎn

✔ 문제가 있을 때는 즉시 병원에서 재진을 받아야 합니다.

如出现问题，要及时去医院复诊。

rú chūxiàn wèntí，yào jí shí qù yī yuàn fùzhěn

✔ 마취크림 때문에 시술 후에는 피부 감각이 둔해지는 것을 느끼는 겁니다.

由于麻醉霜的影响，手术后皮肤可能感觉迟钝。

yóuyú mázuì shuāng de yǐng xiǎng，shǒushù hòu pífū kě néng gǎn jué chí dùn

✔ 수술이 잘못되면 어떻게 되돌리죠?

如果术后结果不满意的话，如何修复？

rúguǒ shù hòu jié guǒ bù mǎnyì de huà，rúhé xiūfù?

✔ 환자분께서 코 모양에 만족하실 거예요.

我们会做到使您满意的鼻子形状。

wǒmen huì zuò dào shǐ nín mǎn yì de bí zi xíng zhuàng

✔ 가슴이 너무 작거나 위축되어 아래로 처집니다.

乳房因过小或萎缩而下垂。

rǔfáng yīn guò xiǎo huò wěi suō ér xià chuí

✔ 수술을 받기 위한 전제조건은 건강한 신체입니다.

手术的前提是身体健康。

shǒushù de qián tí shì shēn tǐ jiàn kāng

☑ CHECKLIST				
1	2	3	4	5

✔ 임신기간 중에는 수술을 권하지 않습니다.

在妊娠期间中不建议这种手术。

zài rèn shēn qī jiān zhōng bù jiàn yì zhè zhǒng shǒu shù

✔ 자가지방술은 몇 번이나 지방을 삽입해야 하나요?

自体脂肪移植术是会需要几次植入脂肪?

zìtǐ zhī fáng yízhí shù shì huì xūyào jǐ cì zhí rù zhīfáng?

✔ 가슴확대술 후에는 모유수유를 하지 않는 것이 좋습니다.

做隆胸手术后不宜母乳喂养。

zuò lóng xiōng shǒushù hòu bùyí mǔrǔ wèiyǎng

✔ 절개법은 영구적인 쌍꺼풀 수술입니다.

切开法是永久性的双眼皮手术。

qiē kāi fǎ shì yǒng jiǔ xìng de shuāng yǎn pí shǒushù

✔ 단점은 절개법보다 잘 풀릴 수 있습니다.

缺点是与切开法相比，这个容易开。

quēdiǎn shì yǔ qiē kāi fǎ xiāng bǐ，zhège róngyì kāi

✔ 눈꺼풀이 약간 두텁습니다.

眼皮有些厚。

yǎnpí yǒuxiē hòu

✔ 수술 후 일주일 간 TV 시청과 신문 읽기를 삼가야 합니다.

术后一周内禁止看电视和报纸。

shù hòu yìzhōu nèi jìnzhǐ kàn diànshì hé bàozhǐ

✔ 병원용 소독제로 닦으세요.

用医用消毒剂擦拭。

yòng yī yòng xiāo dú jiù cā shì

✔ 베개를 높게 베세요.

把枕头垫得高一些。

bǎ zhěn tou diàn dé gāo yìxiē

✔ 상처부위의 출혈을 방지합니다.

防止伤口部位出血。

fángzhǐ shāngkǒu bùwèi chū xuè

✔ 수면 시 옆으로 눕지 마세요.

睡眠时不要侧躺。

shuì mián shí búyào cè tǎng

✔ 상처 부위에 냉찜질을 하지 마세요.

请不要在伤口部位冷敷。

qǐng búyào zài shāngkǒu bùwèi lěng fū

✔ 코 수술은 18세 이후에 코뼈가 자리잡고 난 후에 수술이 가능합니다.

鼻部手术要在十八岁以后鼻骨位置固定后才可进行。

bí bù shǒushù yào zài shíbā suì yǐhòu bígǔ wèizhì gùdìng hòu cái kě jìnxíng

✔ 코 수술 상처는 콧구멍 안에 있습니다.

鼻部手术的伤口在鼻孔内。

bí bù shǒushù de shāng kǒu zài bí kǒng nèi

☑ CHECKLIST				
1	2	3	4	5

✔ 콧대가 평평하고 납작해요.

鼻梁扁平。

bí liáng biǎnpíng

✔ 필러는 효과가 유지되는 시간이 적습니다.

填充的效果维持的时间短。

tián chōng de xiào guǒ wéi chí de shí jiān duǎn

✔ 유전적으로 코가 휘어져 있어요.

我因为遗传，鼻子有些歪。

wǒ yīn wéi yí chuán，bízi yǒuxiē wāi

✔ 몸의 균형을 유지합니다.

保持体态均衡。

bǎochí tǐ tài jūn héng

✔ 지방흡입술을 통해 지방세포의 수를 감소시키는 방법입니다.

通过抽脂手术减少脂肪细胞数量的方法。

tōng guò chōu zhī shǒushù jiǎn shǎo zhīfáng xì bāo shù liàng de fāng fǎ

03 Q & A

저는 쌍꺼풀 수술을 하고 싶습니다.

我想做双眼皮手术。

wǒ xiǎng zuò shuāng yǎnpí shǒushù

전에 수술하신 적 있나요?

您以前做过手术吗?

nín yǐqián zuòguò shǒushù ma?

네, 20살 때 했었어요. 재수술하기 어렵나요?

是的，20岁的时候做过。很难再进行修复手术吗?

shì de，èr shí suì de shíhòu zuòguò. hěn nán zài jìn xíng xiū fù shǒushù ma?

재수술은 부작용이 더 큽니다.

再手术的话会有较大的副作用。

zài shǒu shù de huà huì yǒu jiào dà de fùzuòyòng

요즘 눈꺼풀이 처져서 답답해 보여서요.

我的眼皮最近下垂，看起来有些闷。

wǒ de yǎnpí zuì jìn xià chuí，kàn qǐ lái yǒuxiē mèn

그럼, 안검하수 교정술을 권해드려요.

那建议您做眼睑下垂矫正术。

nà jiàn yì nín zuò yǎn jiǎn xià chuí jiǎo zhèng shù

☑ CHECKLIST				
1	2	3	4	5

저는 눈매를 부드럽게 만들고 싶어서요.

我想让我的眼睛看起来很温柔。

wǒ xiǎng ràng wǒ de yǎnjīng kàn qǐ lái hěn wēnróu

뒤트임을 해서 눈매를 시원하게 만들 수 있어요.

开外眼角的话会让眼睛看起来很清澈。

kāiwài yǎnjiǎo de huà huì ràng yǎnjīng kàn qǐ lái hěn qīng chè

수술 비용은 얼마나 드나요?

手术费用需要多少钱?

shǒushù fèi yòng xūyào duōshǎo qián?

상담실에 가면 실장님이 전반적인 내용을 설명해주실 겁니다.

您去咨询室，协调员会为您做全面的说明。

nín qù zī xún shì，xié tiáo yuán huì wèi nín zuò quán miàn de shuō míng

원장님, 눈밑에 처진 부분을 수술하고 싶어요.

院长，我想做一下眼下面下垂部分的整形手术。

yuàn zhǎng，wǒ xiǎng zuò yíxià yǎn xiàmiàn xiàchuí bùfèn de zhěngxíng shǒushù

뒤트임하면서 레이저를 이용해서 눈밑에 처진 부분을 제거할게요.

做开外眼角手术的同时，利用激光，去除眼睛下面下垂的部分。

zuò kāi wài yǎn jiǎo shǒushù de tóng shí，lì yòng jī guāng, qù chú yǎnjīng xiàmiàn xiàchuí de bùfen

붓기는 어느 정도 가나요?

会浮肿到什么程度?

huì fúzhǒng dào shénme chéngdù?

개인의 체질에 따라 부종은 가라앉는 정도가 다릅니다.

根据每个人的体质，浮肿程度会有所不同。

gēnjù měi gèrén de tǐ zhì，fú zhǒng chéng dù huì yǒu suǒ bù tóng

인터넷 정보를 찾아보니 뒤트임은 다시 쉽게 붙나요?

我在网上看到，说开外眼角的话，很容易再粘上？

wǒ zài wǎng shàng kàn dào，shuō kāi wài yǎn jiǎo de huà，hěn róng yì zài zhān shàng?

뒤트임을 보완해 위, 아래, 옆 3way 방향으로 실을 넣어 골막에 고정해줘요.

开外眼角手术会向上、下、侧面三个方向放入线并将其固定在骨膜上。

kāiwài yǎnjiǎo shǒushù huì xiàngshàng，xià，cè miàn sān gè fāng xiàng fàng rù xiàn bìng jiāng qí gù dìng zài gǔ mó shàng

☑ CHECKLIST				
1	2	3	4	5

절개법은 어떤 눈에 맞나요?

切开法适合什么样的眼睛？

qiē kāi fǎ shìhé shénme yàng de yǎnjīng?

눈꺼풀이 약간 두꺼운 사람에게 적합합니다.

适合眼皮稍厚的人。

shìhé yǎnpí shāo hòu de rén

수술 후 회사 출근은 언제 가능한가요?

手术后什么时候可以上班？

shǒushù hòu shénme shíhòu kěyǐ shàngbān?

수술 후 일주일 후면 바로 일할 수 있습니다.

您在术后一周后就能工作。

nín zài shù hòu yìzhōu hòu jiù néng gōng zuò

수술 후 바로 비행기를 탈 수 있나요?

手术后马上就能坐飞机吗？

shǒushù hòu mǎshàng jiù néng zuò fēi jī ma?

보통 수술 6~7일 후 실밥을 제거하기 때문에 일주일 후에 출국이 가능합니다.

手术后一般需要六到七天就可以拆线，所以最好您一周后出国。

shǒushù hòu yìbān xūyào liù dào qītiān jiù kěyǐ chāi xiàn, suǒyǐ zuì hǎo nín yìzhōu hòu chūguó

☑ CHECKLIST

1	2	3	4	5

저는 성형수술을 티 안 나게 하고 싶어요.

我想要做自然、看不出来的整形手术。

wǒ xiǎng yào zuò zìrán，kàn bù chū lái de zhěng xíng shǒu shù

네, 부드러운 이미지로 자연스럽게 될 거예요.

好的，给您做出自然的温柔印象。

hǎo de，gěi nín zuò chū zì rán de wēn róu yìn xiàng

혹시 흉터가 생기는 건 아닌가요?

这个手术不会留下疤痕吗？

zhège shǒushù búhuì liú xià bāhén ma?

이 수술은 흉터가 전혀 남지 않고 멍은 약간 들 수 있습니다.

这个手术完全不会留下疤痕，可能会稍微有点淤血。

zhège shǒushù wánquán búhuì liú xià bāhén，kě néng huì shāo wēi yǒudiǎn yūxuè

원장님 말씀을 들으니 마음이 편해지네요.

听到您的话，我心里就轻松了。

tīng dào nín de huà，wǒ xīn lǐ jiù qīng sōng le

감사해요. 귀국 전에 한 번 더 방문해 주세요.

谢谢您，请在回国前再来一次医院。

xièxie nín，qǐng zài huíguó qián zàilái yícì yīyuàn

NOTE

04 성형외과 기기 & 수술 종류

■ 3D CT 三维扫描 [sānwéisǎomiáo]

컴퓨터 단층촬영으로 코 모양뿐만 아니라 코 안의 구조와 조직까지 확인할 수 있어 나만의 문제점과 개선점을 파악할 수 있습니다.

通过计算机断层扫描，不仅能确认鼻子的形状，还能确认鼻子的结构和组织，因此您可以了解自己的问题和改善点。

tōngguò jìsuànjī duàncéng sǎomiáo，bùjǐn néng quèrèn bízi de xíngzhuàng，hái néng quèrèn bízi de jiégòu hé zǔzhī，yīncǐ nín kěyǐ liǎojiě zìjǐ de wèntí hé gǎishàn diǎn

■ 지방 흡입기 脂肪吸引器 [zhīfángxīyǐnqì]

아큐스컬프(Acuusculpt)는 레이저 파장(1444nm)의 물과 지방세포에 대한 흡수도까지 뛰어나다는 특징을 갖고 있으며 제거하고 싶은 부위의 지방, 얼굴 주름 제거에 효과적입니다.

Acuusculpt 具有对激光波长(1444纳米)的水分和脂肪细胞的高吸收度的特点，能有效去除您想要去除部位的脂肪，还能有效去除脸部皱纹。

acuusculpt jùyǒu duì jīguāng bōcháng(1444 nàmǐ) de shuǐfèn hé zhīfáng xìbāo de gāo xīshōu dù de tèdiǎn，néng yǒuxiào qùchú nín xiǎng yào qùchú bùwèi de zhīfáng，hái néng yǒuxiào qùchú liǎn bù zhòuwén

■ 액취증 수술 腋臭症手术 [yèchòuzhèngshǒushù]

음파 지방 흡입기로 액취증의 원인인 아포크린 땀샘 세포를 파괴하는 방법과 아포크린 땀샘이 많이 분포한 부분을 수술적으로 제거하는 피하조직 삭제법이 있습니다.

有用声波吸脂装置破坏顶泌汗腺细胞的方法和通过手术去除大汗腺汗腺分布较多的部分的皮下组织去除法。

yǒuyòng shēngbō xī zhī zhuāngzhì pòhuài dǐngmì hànxiàn xìbāo de fāngfǎ hé tōngguò shǒushù qùchú dà hànxiàn hànxiàn fēnbù jiào duō de bùfèn de píxià zǔzhī qùchú fǎ

■ 구순구개열 수술 唇裂和腭裂手术 [chúnlièhéèlièshǒushù]

얼굴의 성장과 개인의 형태와 특성에 따라 치료법이 달라질 수 있으며 점점 성장하면서 여러 차례에 걸쳐 단계별로 적절한 수술과 치료를 받을 수도 있습니다.

根据脸部的成长状况和形态特点，治疗方法会有所不同。可随着逐渐成长通过多次阶段性的手术进行治疗。

gēnjù liǎn bù de chéngzhǎng zhuàngkuàng hé xíngtài tèdiǎn, zhìliáo fāngfǎ huì yǒu suǒ bùtóng. kě suízhe zhújiàn chéngzhǎng tōngguò duō cì jiēduàn xìng de shǒushù jìnxíng zhìliáo

■ 안면윤곽술 脸部轮廓术 [liǎnbùlúnkuòshù]

턱끝비대증이나 하악전돌증과 같은 주걱턱, 돌출입, 사각턱, 광대뼈 축소술 등이 해당한다.

属于诸如下巴肥大或下颌前出症的 长下巴，突嘴，方下巴，罐骨缩小手术等。

shǔyú zhūrú xiàbā féidà huò xiàgé qián chū zhèng de cháng xiàbā，tū zuǐ，fāng xiàbā，guàn gǔ suōxiǎo shǒushù děng

■ 유방 재건술 乳房再建术 [rǔfángzàijiànshù]

유방암으로 유방 절제술을 받은 환자에게 신체상 손상으로 인한 심리적인 충격과 위축을 완화시킬 수 있다.

针对因乳腺癌而切除了乳房的患者，能缓解因身体上的损伤所造成的心理冲击和萎靡不振。

zhēnduì yīn rǔxiàn ái ér qiēchúle rǔfáng de huànzhě，néng huǎnjiě yīn shēntǐ shàng de sǔnshāng suǒ zàochéng de xīnlǐ chōngjí hé wěimǐbúzhèn

■ 자가 모발 이식술 自体毛发移植术 [zìtǐmáofàyízhíshù]

탈모증, 특히 안드로겐성 탈모를 동반한 사람도 뒤통수나 관자부위의 모발은 가늘어지지 않고, 쉽게 빠지지 않는 성질을 가지고 있다. 이 부분을 채취해서 필요한 부분에 이식하는 방법이다.

针对脱发症，特别是雄性激素性脱发症的人群，均有后脑和额角的头发不变细软、不易脱落的特点。提取这部分的毛囊组织后， 将其移梓到所需部位的方法。

zhēnduì tuōfà zhèng, tèbié shì xióngxìng jīsù xìng tuōfà zhèng de rénqún，jūn yǒu hòunǎo hé éjiǎo de tóufà búbiàn xìruǎn，búyì tuōluò de tèdiǎn. tíqǔ zhè bùfèn de máonáng zǔzhī hòu，jiāng qí yízhí dào suǒ xū bùwèi de fāngfǎ.

05 수술 전 준비사항

모발이식 수술 전 주의사항

- 안전한 시술을 위하여 기본적인 혈액검사를 시행한다.
  为了手术的安全，进行基本的血液检查。
  wèi le shǒushù de ān quán，jìn xíng jī běn de xuèyè jiǎnchá

- 비타민 E, 아스피린, 소염제 사용을 시술 1주일 전부터 금한다.
  手术前一周内禁止服用维生素E、阿司匹林、消炎药等药物。
  shǒushù qián yìzhōu nèi jìnzhǐ fúyòng wéishēngsù E，āsīpīlín，xiāoyán yào děng yàowù

- 미녹시딜(minoxidil)을 사용할 경우 시술 1주일 전에 사용 중단한다.
  如果您使用米诺地尔减压要(minoxidil)，请在手术前一周停用。
  rúguǒ nín shǐyòng mǐ nuò de ěr jiǎn yā yào(minoxidil)，qǐng zài shǒushù qián yìzhōu tíng yòng

- 음주, 흡연은 시술 2일 전부터 금한다.
  手术前两天内禁止饮酒、吸烟。
  shǒushù qián liǎng tiānrèi jìnzhǐ yǐnjiǔ，xīyān

- 시술 전날 밤과 당일 아침에 머리를 감는다.
  在手术前夜和手术当天早晨洗头。
  zài shǒushù qiányè hé shǒushù dàngtiān zǎochén xǐ tóu

참고 버텨라. 그 고통은 차츰차츰 너에게 좋은 것으로 변할 것이다.

坚持到底。那份痛苦会慢慢给你带来好的变化。

jiānchí dàodǐ. nà fèn tòng kǔ huì màn man gěi nǐ dài lái hǎo de biàn huà.

/

PUBLIUS NASO OVIDIUS

PART

11

/

APPENDIX

부 록

인체해부생리 단어

화장품 성분 단어

HSK 3급 단어 / 접속사

〈태양의 후예〉로 중국어 배우기

新 중국어 연습노트

부록 1: 인체해부생리 단어

1 _ 전신근육

얼굴근육		
머리덮개널힘줄(모상건막)	帽状腱膜	màozhuàngjiànmó
눈썹주름근(추미근)	皱眉肌	zhòuméijī
코근(비근)	鼻根	bígēn
윗입술올림근(상순거근)	提上唇肌(上唇提肌)	tíshàngchúnjī (shàngchúntíjī)
입꼬리올림근(구각거근)	提口角肌(口角提肌)	tíkǒujiǎojī (kǒujiǎotíjī)
볼근(협근)	颊肌	jiájī
입둘레근(구륜근)	口轮匝肌(口轮肌)	kǒulúnzājī(kǒulúnjī)
깨물근(교근)	咬肌(嚼肌)	yǎojī(jiáojī)
이마근(전두근)	额肌(前头肌)	éjī (qiántóujī)
눈살근(비근근)	降眉间肌(鼻根肌)	jiàngméijiānjī(bígēnjī)
눈둘레근(안륜근)	眼轮匝肌(眼轮肌)	yǎnlúnzājī (yǎnlúnjī)
위입술콧방울울림근 (상순비익거근)	提上唇鼻翼肌 (上唇鼻翼提肌)	tíshàngchúnbíyìjī (shàngchúnbíyìtíjī)
작은광대근(소관골근)	颧小肌(小颧骨肌)	quánxiǎojī (xiǎoquángǔjī)
큰광대근(대관골근)	颧大肌(大颧骨肌)	quándàjī (dàquángǔjī)
입꼬리당김근(소근)	笑肌(笑肌)	xiàojī
입꼬리내림근(구각하제근)	降口角肌(口角降肌)	jiàngkǒujiǎojī
아랫입술내림근(하순하제근)	降下唇肌(下唇降肌)	jiàngxiàchúnjī (xiàchúnjiàngjī)
턱끝근(이근)	颏肌(耳肌)	kējī (ěrjī)
관자마루근(측두두정근)	颞顶肌(侧头头顶肌)	nièdǐngjī (cètóutóudǐngjī)
앞귓바퀴근(전이개근)	耳前肌(前耳介肌)	ěrqiánjī (qiáněrjièjī)
넓은목근(광경근)	阔肌(广颈肌)	jǐngkuòjī (guǎngjǐngjī)
후두근	枕额肌	zhěnéjī
뒷바퀴근(후이개근)	耳后肌(后耳介肌)	ěr hòu jī (hòu ěr jiè jī)
목빗근(흉쇄유골근)	胸锁乳突肌	xiōngsuǒrǔtūjī
팔근육		
요측수근굴근	桡侧腕屈肌	ráocèwànqūjī
원회내근	旋前圆肌	xuánqiányuánjī
단무지신근	拇短伸肌	mǔduǎnshēnjī

장무지신근	拇长伸肌	mŭchángshēnjī
상완근	肱肌	gōngjī
완요골근	肱桡肌	gōngráojī
장요측수근신근	桡侧腕长伸肌	ráocèwànchángshēnjī
총지굴근	总指屈肌	zŏngzhĭqūjī
상완이두근	肱二头肌	gōngèrtóujī
상완삼두근(내측두)	肱三头肌(内侧头)	gōngsāntóujī (nèicètóu)
장두삼두근(장두)	肱三头肌长头(长头)	gōngsāntóujīchángtóu (chángtóu)
단요측수근신근	桡侧腕短伸肌	ráocèwànduănshēnjī
장장근	掌长肌	zhăngchángjī
장무지외전근	拇长展肌	mŭchángzhănjī
척측수근굴근	尺侧腕屈肌	chĭcèwànqūjī
복부		
배속빗근(내복사근)	腹内斜肌(腹内斜肌)	fùnèixiéjī (fùnèixiéjī)
배바깥빗근(외복사근)	腹外斜肌(腹外斜肌)	fùwàixiéjī (fùwàixiéjī)
배곧은근(복직근)	腹直肌(腹直肌)	fùzhíjī (fùzhíjī)
배가로근(복횡근)	腹横肌(腹横肌)	fùhéngjī (fùhéngjī)
살고랑인대(서혜인대)	腹股沟韧带(鼠蹊韧带)	fùgŭgōurèndài (shŭqīrèndài)
등근육		
광배근	广背肌	guăngbèijī
복사근	腹斜肌	fùxiéjī
넓은등근(광배근)	背阔肌(广背肌)	bèikuòjī (guăngbèijī)
등세모근(승모근)	斜方肌(僧帽肌)	xiéfāngjī (sēngmàojī)
어깨올림근(견갑거근)	肩胛提肌(肩胛举肌)	jiānjiătíjī (jiānjiăjŭjī)
어깨뼈가시(견갑근)	肩胛冈(肩胛肌)	jiānjiăgāng (jiānjiăjī)
마름근(능형근)	菱形肌(菱形肌)	língxíngjī (língxíngjī)
가시아래근(극하근)	冈下肌(棘下肌)	gāngxiàjī (jíxiàjī)
큰원근(대원근)	大圆肌(大圆肌)	dàyuánjī (dàyuánjī)
아래뒤톱니근(하후거근)	下后锯肌	xiàhòujùjī (xiàhòujùjī)
등허리근막(요배근막)	胸腰筋	xiōngyāojīnmó
큰볼기근(대전근)	股大肌(臀大肌)	gŭdàjī (túndàjī)
다리 앞면		
치골	耻骨	chĭgŭ
중둔근	臀中肌	túnzhōngjī
장내전근	长收肌	chángshōujī
대내전근	大内收肌	dànèishōujī
단비골근	腓骨短肌	féigŭduănjī
대퇴근막장근	阔筋膜张肌	kuòjīnmózhāngjī
장내전근	长收肌	chángshōujī
중간광근	股中间肌	gŭzhōngjiānjī
내측광근	股内侧肌	gŭnèicèjī

외측광근	股外侧肌	gǔwàicèjī
전경골근(가자미근)	胫骨前肌(比目鱼肌)	jìnggǔqiánjī (bǐmùyújī)
내비복근	腓肠肌内侧头	féichángjīnèicètóu
전비골근	胫骨前肌	jìnggǔqiánjī
총지신근	指总伸肌	zhǐzǒngshēnjī
다리 뒷면		
대둔근	臀大肌	túndàjī
대퇴근막장근	阔筋膜张肌	kuòjīnmózhāngjī
대전자	大转子	dàzhuǎnzǐ
대내전근	大内收肌	dànèishōujī
대퇴근막	阔筋膜	kuòjīnmó
장경인대	髂胫束	qiàjìngshù
단내전근	短收肌	duǎnshōujī
반건양근	半腱肌	bànjiànjī
봉공근	缝匠肌	féngjiàngjī
대퇴이두근(단두)	股二头肌(短头)	gǔèrtóujī (duǎntóu)
족저근	跖肌	zhíjī
내비복근	腓肠肌内侧头	féichángjīnèicètóu
외비복근	腓肠肌外侧头	féichángjīwàicètóu
가자미근	比目鱼肌	bǐmùyújī
장비골근	腓骨长肌	féigǔchángjī
단비골근	腓骨短肌	féigǔduǎnjī

2 — 종합검진 항목

건강검진	健康检查	jiànkāngjiǎnchá
재활의학과	康复医学科	kāngfùyīxuékē
내과	内科	nèikē
외과	外科	wàikē
산부인과	妇科	fùkē
성형외과	整形美容科	zhěngxíngměiróngkē
비뇨기과	泌尿科	mìniàokē
소화기내과	消化内科	xiāohuànèikē
호흡기내과	呼吸内科	hūxīnèikē
순환기내과	循环内科	xúnhuánnèikē
내분비내과	内分泌内科	nèifēnmìnèikē
신경외과	神经外科	shénjīngwàikē
정형외과	骨科	gǔkē
소아과	儿科	érkē
안과	眼科	yǎnkē

치과	牙科	yákē
이비인후과	耳鼻喉科	ěrbíhóukē
영상의학과	影像医学科	yǐngxiàngyīxuékē
내장지방	内脏脂肪	nèizàngzhīfáng
혈압	血压	xiěyā
맥박	脉搏	màibó
동맥	动脉	dòngmài
정맥	静脉	jìngmài
적혈구	红细胞	hóngxìbāo
백혈구	白细胞	báixìbāo
혈소판	血小板	xuèxiǎobǎn
림프구	淋巴细胞	línbāxìbāo
빈혈	贫血	pínxiě
당뇨검사	糖尿检查	tángniàojiǎnchá
식중독	食物中毒	shíwùzhòngdú
뇌혈관검사	脑血管检查	nǎoxiěguǎnjiǎnchá
조직검사	组织检查	zǔzhījiǎnchá
신종플루	甲型流感病毒	jiǎxíngliúgǎnbìngdú
방사선검사	放射线检查	fàngshèxiànjiǎnchá
심전도검사	心电图检查	xīndiàntújiǎnchá
X-레이	x-射线检查	x-shèxiànjiǎnchá
운동부하검사	运动负荷检查	yùndòngfùhèjiǎnchá
조영제	造影剂	zàoyǐngjì
금식	禁食	jìnshí
이뇨제	利尿剂	lìniàojì
치골	耻骨	chǐgǔ
항혈전제	抗血栓剂	kàngxiěshuānjì
항응고제	抗凝固剂	kàngnínggùjì
수면제	安眠药	ānmiányào
갑상선암	甲状腺癌	jiǎzhuàngxiànái
위암	胃癌	wèi'ái
림프종	淋巴瘤	línbāliú
내시경	内窥镜	nèikuījìng
전이	转移	zhuǎnyí
전립선암	前列腺癌	qiánlièxiànái
유방암	乳房癌	rǔfángái
기왕력	既往史	jìwǎngshǐ
가족력	家族史	jiāzúshǐ
기초대사량	基础代谢量	jīchǔdàixièliàng

3 _ 골격 명칭

뼈	骨	gǔ
두개골	颅	lú
경추	颈椎	jǐngzhuī
척추	脊椎	jǐzhuī
견갑골	肩胛骨	jiānjiǎgǔ
흉골	胸骨	xiōnggǔ
흉곽(가슴우리)	胸廓	xiōngkuò
추간판 탈출증(허리 디스크)	椎间盘突出症	zhuījiānpántūchūzhèng
골반(허리뼈)	骨盆	gǔpén
천추(엉치뼈)	骶骨	dǐgǔ
미추(꼬리뼈)	尾骨	wěigǔ
늑골	肋骨	lèigǔ
관절낭	关节囊	guānjiénáng
연골	软骨	ruǎngǔ
어깨	肩膀	jiānbǎng
팔꿈치	胳膊肘	gēbózhǒu
상완골	肱骨	gōnggǔ
요골(노뼈)	桡骨	ráogǔ
척골(자뼈)	尺骨	chǐgǔ
손목	手腕	shǒuwàn
중수골(손허리뼈)	掌骨	zhǎnggǔ
수지골(손가락뼈)	指骨	zhǐgǔ
대퇴골(넓다리뼈)	股骨	gǔgǔ
슬개골(무릎뼈)	髌骨	bìngǔ
무릎	膝盖	xīgài
경골(정강뼈)	胫骨	jìnggǔ
비골(종아리뼈)	腓骨	féigǔ
발목	脚腕	jiǎowàn
발가락	脚趾	jiǎozhǐ
족근골(발목뼈)	跗骨	fūgǔ
중족골(발허리뼈)	跖骨	zhígǔ
족지골(발가락뼈)	趾骨	zhǐgǔ
골수	骨髓	gǔsuǐ
류마티스 관절염	类风湿性关节炎	lèifēngshīxìngguānjiéyán
퇴행성 관절염	退行性关节炎	tuìxíngxìngguānjiéyán
외상	外伤	wàishāng
척추관 협착증	椎管狭窄	zhuíguǎnxiázhǎi
오십견	肩周炎	jiānzhōuyán

4 _ 기타 용어

침	针	zhēn
뜸	灸	jiǔ
혈자리	穴位	xuéwèi
경락	经络	jīngluò
추나요법	推拿疗法	tuīnáliáofǎ
음양오행	阴阳五行	yīnyángwǔxíng
오장육부	五脏六腑	wǔzàngliùfǔ
한방 다이어트	韩方减肥	hánfāngjiǎnféi
해독요법	解毒疗法	jiědúliáofǎ
산후비만	产后肥胖	chǎnhòuféipàng
식이요법	饮食疗法	yǐnshíliáofǎ
수족냉증	手脚冰冷	shǒujiǎobīnglěng
안면마비	面部麻木	miànbùmámù
체질개선	体质改善	tǐzhìgǎishàn
코막힘	鼻塞	bísè
기침	咳嗽	késòu
가래	痰	tán
반신욕	半身浴	bànshēnyù
상열감	伤热感	shāngrègǎn
폭식	暴食	bàoshí
소식	少吃	shǎochī
편식	挑食	tiāoshí
채식	素食	sùshí
갈증	口渴	kǒukě
자세교정	矫正姿态	jiǎozhèngzītài
숙면	酣睡	hānshuì

부록 2: 화장품 성분 단어

화장품 성분

에틸알코올 (SD alcohol; specially denatured alcohol)	乙醇	yǐchún
정제수(purified water)	纯净水	chúnjìngshuǐ
알코올(alcohol)	酒精	jiǔjīng
글리세린(glycerine)	甘油	gānyóu
프로필렌글리콜(propylene glycol)	丙二醇	bǐng'èrchún
히알루론산나트륨(sodium hyaluronate)	玻脚酸钠	bōjiǎosuānnà
트리아실글리세롤(triacylglycerol)	三酸甘油	sānsuāngānyóu
동백유(camellia)	山茶油	shāncháyóu
올리브유(olive oil)	橄榄油	gǎnlǎnyóu
피마자유(castor oil)	蓖麻油	bìmáyóu
마카다미아너트유(macadamia nut oil)	夏威夷坚果油	xiàwēiyíjiānguǒyóu
밍크오일(mink oil)	貂油	diāoyóu
난황유(egg yolk oil)	蛋黄油	dànhuáng yóu
탄화수소(carbohydrate)	碳水化合物	tànshuǐhuàhéwù
왁스(wax)	脂肪酸	zhīfángsuān
계면활성제 (surface active agents; surfactants)	表面活性剂	biǎomiànhuóxìngjì
스테아릴알코올(stearyl alcohol)	硬脂醇	yìngzhīchún
이소스테아릴알코올(isostearyl alcohol)	一十八醇乳化剂	yīshíbāchúnrǔhuàjì
유동파라핀(liquid paraffin)	液体石蜡	yètǐshílà
바세린(vaseline)	凡士林	fánshìlín
라놀린(lanolin)	羊毛脂	yángmáozhī
카르나우바왁스(carnauba wax)	巴西棕榈蜡	bāxīzōngtónglà
호호바왁스(jojoba wax)	霍霍巴蜡	huòhuòbālà
친수성기(hydrophilic groups)	亲水基团	qīnshuǐjītuán
친유성기(lipophilic groups)	亲油基团	qīnyóujītuán
유화제(emulsifying agents)	乳化剂	rǔhuàjì
가용화제(solubilizers)	增溶剂	zēngróngjì
분산제(dispersing agents)	分散剂	fēnsànjì

세정제(detergents)	清洁剂	qīngjiéjì
유화제(emulsifier)	乳化剂	rǔhuàjì
기포형성제(bubble forming agent)	泡沫形成剂	pàomòxíngchéngjì
소포제(antifoaming agent)	消泡剂	xiāopàojì
가용화제(solubilizing agent)	增溶剂	zēngróngjì
점증제(thickeners)	增稠剂	zēngchóujì
분산제(dispersing agent)	分散剂	fēnsànjì
습윤제(wetting agent)	润湿剂	rùnshījì
정전기방지제(anti-static agent)	抗静电剂	kàngjìngdiànjì
고분자(polymer)	高分子聚合物	gāofēnzǐjùhéwù
피막형성제(film formers)	薄膜形成剂	bómóxíngchéngjì
한천(agar)	琼脂	qióngzhī
셀룰로오스(cellulose)	纤维素	xiānwéisù
젤라틴(gelatin)	明胶	míngjiāo
카르복시비닐폴리머(carboxyvinyl polymer)	羟甲乙烯聚合物	qiāngjiǎyǐxījùhéwù
하이드록시메틸셀룰로오스(hydroxymethycellulose)	羟甲基纤维素	qiāngjiǎjīxiānwéisù
퀸스시드검(quince seed gum)	木瓜籽胶	mùguāzǐjiāo
산탄검(xanthan gum)	生物胶	shēngwùjiāo
카르복시메틸셀룰로오스나트륨(Na-carboxymethylcellulose)	羟甲基纤维素钠	qiāngjiǎjīxiānwéisùnà
아르비안검(arabic gum)	阿拉伯树胶	Ālābóshùjiāo
구아검(guar gum)	瓜胶	guājiāo
카라기난(carrageenan)	鹿角茶胶	lùjiǎochájiāo
카제인(casein)	酪蛋白	làodànbái
전분(starch)	淀粉	diànfěn
펙틴(pectin)	果胶	guǒjiāo
비타민(vitamin)	维生素	wéishēngsù
레티놀(retinol / VA)	视黄醇	shìhuángchún
베타 카로텐(β-carotene)	胡萝卜素	húluóbosù
리보플라빈(riboflavin / B)	核黄素	héhuángsù
나이아신(niacin / B)	尼克酸	níkèsuān
피리독신(Pyridoxine / B6)	吡哆醇	bǐduōchún
아스코빅애씨드(ascorbic acid / C)	抗坏血酸	kànghuàixiěsuān
칼시페롤(calciferol / D)	骨化醇	gǔhuàchún
토코페롤(tocopherol / E)	生育酚	shēngyùfēn
징크옥사이드(ZnO)	氧化锌	yǎnghuàxīn
티타늄디옥사이드(TiO_2)	二氧化钛	èryǎnghuàtài
카올린(kaolin)	白陶士	báitáoshì
산화철(iron oxide)	氧化铁	yǎnghuàtiě
탈크(talc)	滑石粉	huáshífěn
타르(tar)	焦油	jiāoyóu

레이크(lakes)	色淀颜料	sèdiànyánliào
폴리비닐알코올(polyvinylalcohol; PVA)	聚乙烯醇	jùyǐxīchún
니트로셀룰로오스(nitrocellulose)	消化纤维	xiāohuà xiānwéi
양이온(cationic)	阴离子	yīnlízǐ
음이온(anionic)	阳离子	yánglízǐ
양극성(polarity)	两极性	liǎngjíxìng
비이온성(nonionic)	无离子	wúlízǐ
염료(dyes)	染料	rǎnliào
안료(pigments)	颜料	yánliào
방부제(Antiseptics)	防腐剂	fángfǔjì
메틸이소치아졸리논(methylisothiazolinone)	甲基异噻唑啉酮	jiǎjīyìsāizuòlíntóng
P-하이드록시안식향산에스테르 (p-hydroxybenzoic esters)	P-羟基茶甲酸酯	qiǎngjīchájiǎsuānzhǐ
이미다졸리디닐우레아(imidazolidinyl urea)	尿素醛	niàosùquán
티아벤다졸(thiabendazole)	噻茶达唑	sāichádázuò
구연산(citric acid)	柠檬酸	níngméngsuān
주석산(tartaric acid)	酒石酸	jiǔshísuān
중화제(nentralizer)	中和剂	zhōnghéjì
트리에탄올아민(triethanolamine)	三乙醇胺	sānyǐchún'ān
헤어리퀴드(hair liquid)	整发液	zhěngfǎyè
포마드(pomade)	润发油	rùnfǎyóu
코직산(kojic acid)	曲酸	qūsuān
상백피추출물	桑白皮精华	sāngbáipíjīnghuá
닥나무추출물	构树精华	gòushùjīnghuá
마그네슘아스코빌포스페이트 (magnesium ascorbyl phosphate; MAP)	磷酸镁盐	línsuānměiyán
감초추출물	甘草精华	gāncǎojīnghuá
알부틴(arbutin)	熊果素	xióngguǒsù
티오글리콜산염(thioglycolate)	硫醇乙酸钙	liúchúnyǐsuāngài
시스테인(cystein)	巯基丙氨酸	qiújībǐngānsuān
브롬산칼륨(potassium bromate)	溴酸钾	xiùsuānjiǎ
과산화수소(H_2O_2)	过氧化氢	guòyǎnghuàqīng
코엔자임 Q10(coenzyme Q10)	辅酶 Q10	fǔméi
키토산(chitosan)	甲壳胺	jiǎkéàn
세라마이드(ceramide)	胶原因子	jiāoyuányīnzǐ
아데노신(adenosine)	腺苷酸	xiàngānsuān
벤조페논(benzophenone)	二茶甲酮	èrchájiǎtóng
신나메이트(cinnamate)	肉桂酸盐	ròuguìsuānyán
살리실산(salicylic acid)	水杨酸	shuǐyángsuān

부록 3: HSK 3급 단어 / 접속사

명사/ 동사/ 형용사/ 부사/ 양사/ 개사/ 접속사/
수사/ 대명사/ 감탄사/ 접사/ 조사/ 기타

A

ⓓ 애호하다 ⓜ 애호가	爱好	àihào
ⓗ 조용하다	安静	ānjìng
ⓗ (사람의 키가) 작다	矮	ǎi
ⓜ 남편, 부인	爱人	àirén
ⓓ 안배하다, 처리하다, 준비하다, 꾸리다	安排	ānpái
ⓗ 안전하다	安全	ānquán
ⓓ 밤을 새다	熬夜	áoyè
ⓓ (체면을) 중시하다	爱面子	àimiànzi

B

ⓜ 증상	病状	bìngzhuàng
ⓓ 움켜쥐다, 파악하다 ⓜ 자신감, 가망	把握	bǎwò
ⓜ 방법	办法	bànfǎ
ⓓ 내포하다, 포함하다	包括	bāokuò
ⓗ 귀중하다, 소중하다	宝贵	bǎoguì
ⓓ 유지하다, 보유하다	保持	bǎochí
ⓓ 보존하다	保存	bǎocún
ⓓ 보관하다 ⓜ 보관인	保管	bǎoguǎn
ⓓ 보도하다 ⓜ 보도	报道	bàodào
ⓓ 그 자신, 그 자체	本身	běnshēn
ⓜ 본질, 근본	本质	běnzhì
ⓑ 비교적 ⓜ 비교	比较	bǐjiào

동 모면하다	避免	bìmiǎn
동 ~으로 변하다	变成	biànchéng
동 ~이 되다	成为	chéngwéi
동 (~하기에) 쉽다	便于	biànyú
동 표현하다	表达	biǎodá
동 과시하다, 뚜렷하게 나타내 보이다	表示	biǎoshì
동 보충하다	补充	bǔchōng
명 반, 그룹	班	bān
동 (비교적 크거나 무거운 것을) 옮기다, 운반하다	搬	bān
수사 절반, 2분의 1	半	bàn
명 방법, 수사, 방식, 조차	办法	bànfǎ
동 일(손)을 돕다	帮忙(儿)	bāngmáng (er)
동 싸다, 싸매다	包	bāo
형 배부르다	饱	bǎo
동 덮다	被	bèi
동 변화하다	变化	biànhuà
동 비교하다	比较	bǐjiào
명 경기, 시합	比赛	bǐsài
부 반드시~해야 한다	必须	bìxū

C

명 부, 자원, 재산	财富	cáifù
동 사들이다, 구입하다	采购	cǎigòu
동 채용하다, 채택하다	采用	cǎiyòng
동 마음을 쓰다, 애태우다, 걱정하다	操心	cāoxīn
동 실험하다	测验	cèyàn
동 계획하다	策划	cèhuà
명 차이, 차별	差别	chābié
동 생산하다, 만들어지다	产生	chǎnshēng
형 장구하다, 오래되다	长久	chángjiǔ
명 장소, 공터, 마당, 운동장	场地	chǎngdì
형 철저하다	彻底	chèdǐ
동 칭찬하다	称赞	chēngzàn
명 성과, 업적	成果	chéngguǒ
동 담당하다, 맡다	承担	chéngdān
동 고통을 겪다	吃苦	chīkǔ

ⓢ 지속하다	持续	chíxù
ⓗ 충실하다, 보강하다 ⓢ 풍부하게 하다	充实	chōngshí
ⓢ 충격을 주다, 세차게 부딪치다	冲击	chōngjī
ⓢ 중복하다, 반복하다	重复	chóngfù
ⓢ 출생하다	出生	chūshēng
ⓢ 처리하다	处理	chǔlǐ
ⓢ 전달하다, 전하다	传达	chuándá
ⓢ 창립하다	创立	chuànglì
ⓑ 이제껏, 여태껏	从来	cónglái
ⓗ 취약하다, 연약하다	脆弱	cuìruò
ⓗ 잘못되다	错误	cuòwù
ⓜ 메뉴, 식단, 차림표	彩单	cǎidān
ⓢ 참가하다, 가입하다	参加	cānjiā
ⓜ 풀	草	cǎo
ⓜ 층(중첩된 것)	层	céng
ⓗ 나쁘다, 표준에 못 미치다	差	chà
ⓜ (슈퍼마켓)의 약칭	超市	chāoshì
ⓜ 성적, 수확, 성과	成绩	chéngjī
ⓜ 도시	城市	chéngshì
ⓜ 와이셔츠, 블라우스	衬衫	chènshān
ⓢ 지각하다	迟到	chídào
ⓜ 배	船	chuán
개사 ~을[를] 제외하고(는)	除了	chúle
ⓜ 사전	词典	cídiǎn

D

ⓢ 이르다, 다다르다	达到	dádào
ⓢ 회답하다	答复	dáfù
ⓢ 물어보다	打听	dǎtīng
ⓗ 대담하다	大胆	dàdǎn
ⓑ 대략, 아마도	大概	dàgài
ⓗ 둔하다, 미련하다	呆	dāi
ⓢ 부담하다, 책임을 지다	担负	dānfù
ⓢ 걱정하다, 근심하다	担心	dānxīn
ⓑ 당연히 ⓗ 당연하다	当然	dāngrán
ⓑ 마침내, 도대체	到底	dàodǐ

동 조사하다	调查	diàochá
동 알다, 이해하다	懂得	dǒngdé
형 단기적인	短期	duǎnqí
개사 ~에 대하여	对于	duìyú
동 청소하다	打扫	dǎsǎo
동 계획하다	打算	dǎsuàn
명 장소, 부분	地方	dìfāng
명 이메일	电子邮件	diànzǐyóujiàn
동 염려하다	担心	dānxīn
명 지하철	地铁	dìtiě
명 지도	地图	dìtú
명 동물	动物	dòngwù
형 (공간적 · 시간적 거리가) 짧다 동 결핍되다	短	duǎn
동 (몸과 마음 등을) 단련하다	锻炼	duànliàn
부 얼마나	多么	duōme

E

형 배고프다	饿	è
접 그리고	而	ér
조사 ~뿐이다	而已	éryǐ
명 어린이	儿童	értóng
명 이산화탄소	二氧化碳	èryǎnghuàtàn
접 게다가, 또한	而且	érqiě
동 악화하다	恶化	èhuà
형 아주 나쁘다, 열악하다	恶劣	èliè
명 악습	恶习	èxí
동 구역질이 나다	恶心	ěxīn

F

동 부가하다 형 초과의, 별도의	附加	fùjiā
동 발표하다	发表	fābiǎo
동 (소리 등을) 내다	发出	fāchū
동 반대하다	反对	fǎnduì

㉮ 계속하여, 반복하여 ㉮ 반복	反复	fǎnfù
㉮ 범위	范围	fànwéi
㉮ 늦추다, 느슨하게 하다	放松	fàngsōng
㉮ 애쓰다, 힘을 모으다	费力	fèilì
㉮ 뚜렷하다	分明	fēnmíng
㉮ 풍부하다	丰富	fēngfù
㉮ 품격, 태도, 방법	风格	fēnggé
㉮ 복잡하다	复杂	fùzá
㉮ 보내다	发送	fāsòng
㉮ 나누다, 가르다	分发	fēnfā
㉮ 발견하다	发现	fāxiàn
㉮ 놓아주다, 풀어주다	放	fàng
㉮ 편리하다	方便	fāngbiàn
㉮ 가까운, 인접한	附近	fùjìn
㉮ 마음을 놓다, 안심하다	放心	fàngxīn
㉮ 복습하다	复习	fùxí
㉮ 열이 나다	发烧	fāshāo

G

㉮ 예상하다	估计	gūjì
㉮ 변하다	改变	gǎibiàn
㉮ 개선하다	改善	gǎishàn
㉮ 개정하다	改正	gǎizhèng
㉮ 간단명료하다	干脆	gāncuì
㉮ 고상하다	高尚	gāoshàng
㉮ 개성	个性	gèxìng
㉮ 주다	给以	gěiyǐ
㉮ 기초, 근본 ㉮ 본래	根本	gēnběn
㉮ 재주, 솜씨, 시간	功夫	gōngfu
㉮ 구성하다, 형성하다	构成	gòuchéng
㉮ 배려하다, 보살피다	关怀	guānhuái
㉮ 관심을 갖다	关心	guānxīn
㉮ 관점, 입장	观点	guāndiǎn
㉮ 규율, 규칙	规律	guīlǜ
㉮ 과도하다, 도가 넘치다	过度	guòdù
㉮ 바람이 불다	刮风	guāfēng

ⓢ 닫다, 덮다	关	guān
ⓜ 이야기	故事	gùshì
ⓢ 가다, 건너다	过	guò
ⓢ 지나가다	过去	guòqù
ⓗ 깨끗하다, 청결하다	干净	gānjìng
ⓜ 감기	感冒	gǎnmào
ⓜ 관계	关系	guānxì
ⓜ 키, 체력	个子	gèzǐ
ⓜ 킬로그램(kg)	公斤	gōngjīn
ⓑ 더욱, 더, 훨씬	更	gèng
개사 ~에 의거하여	根据	gēnjù
개사 ~에 관하여	关于	guānyú
ⓢ 관심이 있다	感兴趣	gǎnxìngqù

H

ⓜ 좋은 점, 장점	好处	hǎochù
ⓗ 적당하다, 알맞다	合适	héshì
ⓜ 결과	后果	hòuguǒ
ⓑ 갑자기, 별안간	忽然	hūrán
ⓢ 의심하다, 회의하다	怀疑	huáiyí
ⓗ 즐겁다	欢乐	huānlè
ⓢ 회상하다, 기억하다	回忆	huíyì
ⓢ 획득하다	获得	huòdé
ⓑ 여전히	还是	háishì
ⓑ 어쩌면, 혹시	或者	huòzhě
ⓜ 그 후	后来	hòulái
ⓜ 환경	环境	huánjìng
ⓜ 여권	护照	hùzhào
ⓢ 그리다	画	huà
ⓢ 환영하다	欢迎	huānyíng
ⓗ 나쁘다	坏	huài
ⓢ 돌아가다	回去	huíqù
ⓢ 대답하다	回答	huídá
ⓢ 겁내다	害怕	hàipà
ⓜ 칠판	黑板	hēibǎn

J

ⓗ 기본적인	基本	jīběn
ⓗ 시기 적절하다, 때맞다	及时	jíshí
ⓓ 계획하다	计划	jìhuà
ⓓ 힘내다	加油	jiāyóu
ⓓ (주장 등을) 견지하다	坚持	jiānchí
ⓓ 경감하다	减轻	jiǎnqīng
ⓜ 장래, 미래	将来	jiānglái
ⓓ 교제하다	交际	jiāojì
ⓓ 교육하다 ⓜ 교육	教育	jiàoyù
ⓓ 접촉하다	接触	jiēchù
ⓓ 절약하다 ⓗ 검소하다, 소박하다	节约	jiéyuē
ⓓ 진보하다 ⓗ 진보적이다	进步	jìnbù
ⓓ 전력을 다하다	尽力	jìnlì
ⓓ 느끼다, 생각하다	觉得	juéde
ⓜ 매니저, 지배인	经理	jīnglǐ
ⓜ 문장	句子	jùzi
ⓜ 프로그램, 종목	节目	jiémù
ⓜ 기회, 시기	机会	jīhuì
ⓜ 계절, 철	季节	jìjié
ⓜ 평소, 평상	经常	jīngcháng
ⓗ 적극적이다	积极	jījí
ⓜ (짐승의) 뿔	角	jiǎo
ⓜ 거리, 대로	街道	jiēdào
ⓓ 빌리다	借	jiè
ⓓ (지식, 기술 등을) 가르치다	教	jiào
ⓓ 끝나다, 마치다	结束	jiéshù
ⓓ 검사하다, 점검하다	检查	jiǎnchá
ⓓ 결정[결심]하다	决定	juédìng
ⓓ 경유하다, 통과하다	经过	jīngguò
ⓓ 말하다, 이야기하다	讲	jiǎng
ⓓ 결혼하다	结婚	jiéhūn
ⓓ 만나다, 대면하다	见面	jiànmiàn
ⓓ 잇다, 이어지다	接	jiē
ⓓ 해결하다	解决	jiějué
ⓗ 오래되다	旧	jiù
ⓗ 오래다, (시간이) 길다	久	jiǔ

ⓗ 간단하다, 단순하다	简单	jiǎndān
ⓗ 건강하다	健康	jiànkāng
ⓑ 거의, 거의 모두	几乎	jīhū

K

ⓓ 채굴하다, 발굴하다	开采	kāicǎi
ⓓ 해제하다, 개방하다	开放	kāifàng
ⓓ 설립하다, 차리다	开设	kāishè
ⓓ 고려하다	考虑	kǎolǜ
ⓗ 애석하다, 아깝다	可惜	kěxī
ⓓ 시험하다, 시련을 주다	考验	kǎoyàn
ⓜ 고난 ⓗ 곤란하다, 어렵다	困难	kùnnán
ⓓ 확대하다	扩大	kuòdà
ⓜ 입	口	kǒu
ⓜ 젓가락	筷子	kuàizi
ⓜ 바지	裤子	kùzi
ⓓ 조각하다, 새기다	刻	kè
ⓓ (에어컨으로) 공기를 조절하다	空调	kōngtiáo
ⓓ 울다	哭	kū
ⓗ 목이 타다, 목마르다	渴	kě
ⓗ 귀엽다, 사랑스럽다	可爱	kě'ài
ⓗ 경멸하다, 깔보다	看不起	kànbuqǐ

L

ⓓ 소비하다	浪费	làngfèi
ⓗ 솔직하다, 성실하다	老实	lǎoshí
ⓜ 이해	理解	lǐjiě
ⓗ 사납다, 지독하다	厉害	lìhài
ⓓ 이용하다	利用	lìyòng
ⓓ 연결하다	联系	liánxì
ⓓ 이해하다	了解	liǎojiě
ⓑ 그 밖의, 따로	另外	lìngwài

⑤ 지나다, 거치다	路过	lùguò
⑬ 이웃집	邻居	línjū
⑬ 역사	历史	lìshǐ
⑬ 선물	礼物	lǐwù
⑬ 층, 다층건물	楼	lóu
⑤ 연습하다	练习	liànxí
⑤ 떠나다	离开	líkāi
⑤ 유학하다	留学	liúxué
⑬ 잡담	聊天	liáotiān

M

⑬ 매매, 상점	买卖	mǎimài
⑤ 만족하다	满意	mǎnyì
⑬ 질병, 문제, 결점, 나쁜 버릇	毛病	máobìng
⑤ 모순되다 ⑬ 모순	矛盾	máodùn
⑬ 보기 좋다, 아름답다	美观	měiguān
⑬ 미묘하다, 아름답고 즐겁다	美妙	měimiào
⑬ 비밀스럽다	秘密	mìmì
⑤ 흐리게 하다 ⑬ 모호하다, 애매하다	模糊	móhu
⑤ 모방하다, 따라하다	模仿	mófǎng
⑬ 목표	目标	mùbiāo
⑬ 곧, 즉시	马上	mǎshàng
⑤ 알다, 이해하다	明白	míngbái
⑬ 쌀	米	mǐ
⑬ 빵	面包	miànbāo
⑬ 모자	帽子	màozi
⑬ 만족하다	满意	mǎnyì
⑤ 괜찮다, 관계가 없다	没关系	méiguānxì
⑤ 일이나 약속 등이 없다, 괜찮다	没事儿	méishìer
⑤ 피할 수 없다	免不了	miǎnbuliǎo

N

ⓗ 뛰어나다, 자신있다	拿手	náshǒu
ⓗ 끈기 있다 ⓜ 참을성	耐心	nàixīn
ⓑ 설마	难道	nándào
ⓗ 괴롭다, 참기 힘들다	难受	nánshòu
조동사 ~할 수 있다	能够	nénggòu
ⓜ 능력	能力	nénglì
ⓗ 따뜻하다 ⓓ 따뜻하게 하다, 데우다	暖和	nuǎnhuo
ⓜ 연대, 시기	年代	niándài
ⓗ 자신감이 없고 연약하다, 무기력하다	懦弱	nuòruò
ⓓ 쥐다, 잡다	拿	ná
ⓓ 노력하다	努力	nǔlì
ⓗ 어렵다	难	nán
ⓗ 고통스럽다	难过	nánguò
ⓜ 학년	年纪	niánjì
ⓜ 새, 날짐승	鸟	niǎo
ⓗ 젊다	年轻	niánqīng
ⓓ 웃음거리가 되다	闹笑话	nàoxiàohuà

P

ⓓ 치다, 털다	拍	pāi
ⓓ 배양하다, 키우다	培养	péiyǎng
ⓓ 받들다	捧	pěng
ⓜ 기질, 성격	脾气	píqì
ⓑ 기어코, 공교롭게	偏偏	piānpiān
ⓓ 죽을 힘을 다하다	拼命	pīnmìng
ⓜ 성품, 품격	品格	pǐngé
ⓜ 품질, 품성, 소질	品质	pǐnzhì
ⓗ 평안하다, 무사하다	平安	píngān
ⓗ 보편적이다	普遍	pǔbiàn
ⓜ 가죽구두	皮鞋	píxié
ⓜ 병	瓶子	píngzi
ⓓ 산을 오르다	爬山	páshān

Q

동 기대하다, 바라다	期待	qīdài
동 기만하다, 속이다	欺骗	qīpiàn
동 묘하다, 신기하다	奇妙	qímiào
명 기후	气候	qìhòu
명 냄새, 성향, 기질	气味	qìwèi
형 합당하다, 적절하다	恰当	qiàdàng
부 바로, 마침	恰好	qiàhǎo
동 겸양하다, 겸손하게 사양하다	谦让	qiānràng
형 겸손하다	谦虚	qiānxū
형 강렬하다	强烈	qiángliè
형 교묘하다, 정교하다	巧妙	qiǎomiào
형 가깝다, 친근하다	亲近	qīnjìn
형 친근하다	亲热	qīnrè
동 침략하다	侵略	qīnlüè
동 분명하다, 명백하다	清楚	qīngchǔ
동 경시하다, 무시하다	轻视	qīngshì
동 청구하다, 요구하다 명 부탁, 청구	请求	qǐngqiú
동 취득하다	取得	qǔdé
동 구별하다	区别	qūbié
동 취소하다	取消	qǔxiāo
명 권리	权利	quánlì
명 전부, 모두 형 전부의	全部	quánbù
명 결점	缺点	quēdiǎn
동 결핍하다	缺少	quēshǎo
부 확실히, 정말로 형 확실하다	确实	quèshí
명 치마	裙子	qúnzi
동 (자전거 등에) 타다	骑	qí
동 (비행기 등이) 이륙하다	起飞	qǐfēi
동 (잠자리에서) 일어나다	起来	qǐlái
동 (휴가, 조퇴 등을) 신청하다	请假	qǐngjià
형 분명하다	清楚	qīngchǔ
형 기이하다	奇怪	qíguài
부 사실	其实	qíshí
대 다른 사람	其他	qítā

R

㉨ 그렇지만	然而	ránér
㉭ 열성적이다, 친절하다	热心	rèxīn
㉹ 인재	人才	réncái
㉭ 진지하다, 성실하다	认真	rènzhēn
㉹ 임무	任务	rènwù
㉾ 여전히	仍然	réngrán
㉭ 쉽다	容易	róngyì
㉭ 연약하다	柔弱	róuruò
㉭ 가냘프다, 연약하다	软弱	ruǎnruò
㉨ 그런 후에	然后	ránhòu
㉧ 여기다	认为	rènwéi
㉭ 열정적이다	热情	rèqíng

S

㉧ 쏟다	洒	sǎ
㉧ 집어넣다, 채우다	塞	sāi
㉧ 상실하다	丧失	sàngshī
㉧ (어떤 방면에) 뛰어나다	擅长	shàncháng
㉭ 소량의, 소액의	少量	shǎoliàng
㉹ 소수	少数	shǎoshù
㉹ 깊이, 정도, 심도	深度	shēndù
㉹ 생명, 목숨	生命	shēngmìng
㉧ 생활하다	生活	shēnghuó
㉧ 성장하다, 자라다	生长	shēngzhǎng
㉧ 승리하다	胜利	shènglì
㉧ 실추하다, 잃어버리다	失去	shīqù
㉧ 실제로 쓰다 ㉭ 실용적이다	实用	shíyòng
㉾ 매우, 대단히	十分	shífēn
㉹ 시대, 시절, 현대	时代	shídài
㉭ 유행이다, 첨단이다	时髦	shímáo
㉹ 수도	首都	shǒudū
㉧ 시찰하다, 관찰하다	视察	shìchá
㉹ 사고	事故	shìgù

㉑ 사실	事实	shìshí
㉖ 적합하다	适合	shìhé
㉑ 수단, 수법	手段	shǒuduàn
㉗ 편안하다	舒服	shūfú
㉖ 익숙하다	熟悉	shúxī
㉗ 쇠약하다	衰弱	shuāiruò
㉗ 순조롭다	顺利	shùnlì
㉖ 설명하다	说明	shuōmíng
㉖ 고려하다	思考	sīkǎo
㉖ 전송하다	送行	sòngxíng
㉖ 손실하다	损失	sǔnshī
㉗ 제멋대로 하다, 함부로 하다	随便	suíbiàn
㉑ 나무	树	shù
㉑ 우산	伞	sǎn
㉑ 수평	水平	shuǐpíng
㉑ 수학	数学	shùxué
㉑ 기관사, 운전사 ㉖ 기계를 취급하다	司机	sījī
㉑ 소리, 목소리	声音	shēngyīn
㉑ 세계	世界	shìjiè
㉖ 시험하다	试	shì
㉖ 인터넷을 하다	上网	shàngwǎng
㉖ 화내다	生气	shēngqì
㉖ 양치질하다	刷牙	shuāyá
㉖ 속다	上当	shàngdàng

T

㉕ 매우, 너무	太	tài
㉗ 특수하다	特殊	tèshū
㉖ 토론하다	讨论	tǎolùn
㉕ 특별히 ㉗ 특별하다	特别	tèbié
㉖ 제공하다	提供	tígōng
㉖ 체험하다	体验	tǐyàn
㉑ 날씨	天气	tiānqì
㉖ 조절하다	调节	tiáojié
㉖ 통과하다 [개사] ~통해	通过	tōngguò

⑧ 통지하다	通知	tōngzhī
⑧ 동의하다	同意	tóngyì
⑲ 고통스럽다	痛苦	tòngkǔ
⑨ 갑자기, 문득 ⑲ 갑작스럽다	突然	tūrán
⑧ 끌다, 잡아당기다	拖	tuō
⑲ 체육	体育	tǐyù
⑲ 가늘고 긴 것	条	tiáo
⑲ 태양	太阳	tàiyáng
⑲ 도서관	图书馆	túshūguǎn
⑧ 높이다	提高	tígāo
⑧ 함께 일하다	同事	tóngshì
⑲ 아프다	疼	téng
⑲ 달다	甜	tián

W

⑲ 타인, 외부인	外人	wàirén
⑲ 농담	玩笑	wánxiào
⑨ 만일, 만에 하나 ⑲ 극히 적은 수	万一	wànyī
⑧ 오고가다, 왕래하다	往来	wǎnglái
⑧ 해를 끼치다	危害	wēihài
⑧ 유지하다	维持	wéichí
⑲ 미래	未来	wèilái
⑳ ~에 상관없이	无论	wúlùn
개사 ~을 위하여	为了	wèile
⑲ 문화	文化	wénhuà
⑲ 사발	碗	wǎn
⑧ 완성하다	完成	wánchéng
⑧ 잊어버리다	忘记	wàngjì

X

⑧ 희망하다	希望	xīwàng
⑧ 습관이 되다	习惯	xíguàn
⑧ 좋아하다	喜欢	xǐhuān

ⓗ 섬세하다	细致	xìzhì
ⓗ 상세하다	详细	xiángxì
ⓓ 보이다	显得	xiǎndé
ⓓ 부러워하다	羡慕	xiànmù
ⓗ 현실적이다	现实	xiànshí
ⓗ 상호의, 서로의	相互	xiānghù
ⓑ 본래부터, 여태까지, 줄곧	向来	xiànglái
ⓓ 조심하다	小心	xiǎoxīn
ⓗ 고생스럽다	辛苦	xīnkǔ
ⓜ 마음의 병, (울) 화병	心病	xīnbìng
ⓓ 애석해하다, 아까워하다	心疼	xīnténg
ⓜ 흥미, 취미	兴趣	xìngqù
ⓜ 자신, 확신	信心	xìnxīn
ⓜ 형식	形式	xíngshì
ⓜ 형태	形态	xíngtài
ⓜ 성격	性格	xìnggé
ⓜ 성질	性质	xìngzhì
ⓓ 수정하다	修正	xiūzhèng
ⓓ 선택하다	选择	xuǎnzé
ⓗ 신속하다	迅速	xùnsù
ⓜ 학교장, 교장	校长	xiàozhǎng
ⓜ 버릇, 습관	习惯	xíguàn
ⓜ 뉴스, 새 소식	新闻	xīnwén
ⓗ 신선하다	新鲜	xīnxiān
ⓜ 신용카드	信用卡	xìnyòngkǎ
ⓜ 팬더	熊猫	xióngmāo
ⓜ 화장실	洗手间	xǐshǒujiān
ⓓ 목욕하다	洗澡	xǐzǎo
ⓓ 조심하다	小心	xiǎoxīn
ⓓ 고르다	选择	xuǎnzé
ⓓ 필요하다, 요구되다	需要	xūyào
ⓓ 내려오다	下来	xiàlái
개사 ~(으로)	向	xiàng
ⓜ 먼저, 우선, 선수, 앞 ⓓ 앞서가다	先	xiān
ⓓ 비슷하다	像	xiàng
ⓓ 믿다	相信	xiāngxìn

Y

명 압력, 스트레스	压力	yālì
동 연구하다	研究	yánjiū
형 엄격하다	严格	yángé
동 연장하다	延长	yáncháng
동 키우다, 만들다	养成	yǎngchéng
접 만약 ~ 이라면	要是	yàoshì
부 벌써, 이미	已经	yǐjīng
명 이후	以后	yǐhòu
접 그리하여	因此	yīncǐ
접 그래서	因而	yīn'ér
동 인도하다	引导	yǐndǎo
조동사 반드시~ 해야 한다	应该	yīnggāi
형 용감하다	勇敢	yǒnggǎn
동 이용하다, 쓰다	用	yòng
개사 ~에 관하여	由于	yóuyú
명 우정	友情	yǒuqíng
접 그래서	于是	yúshì
접 ~하기보다는	与其	yǔqí
동 예방하다	预防	yùfáng
형 일반적이다	一般	yìbān
명 한쪽, 한편, 한면	一边(儿)	yìbiān(r)
명 은행	银行	yínháng
명 음료	饮料	yǐnliào
명 음악	音乐	yīnyuè
명 짧은 시간	一会(儿)	yíhuì(r)
명 과거, 이전	以前	yǐqián
명 달(the moon)	月亮	yuèliàng
명 게임	游戏	yóuxì
동 요구하다	要求	yāoqiú
동 영향을 주다	影像	yǐngxiàng
동 동의하다, 달가워하다	愿意	yuànyì
동 만나다, 마주치다	遇到	yùdào
동 넘다, 뛰어넘다	越	yuè
형 동일하다	一样	yíyàng
형 유명하다, 명성이 높다	有名	yǒumíng
부 또, 다시	又	yòu

부 계속, 줄곧	一直	yìzhí
부 반드시, 필히, 꼭	一定	yídìng
부 모두, 전부	一共	yígòng

Z

명 주치의	主治医生	zhǔzhìyīshēng
명 재해	灾害	zāihài
접 게다가, 다시 한 번 말하다	再说	zàishuō
동 조성하다, 초래하다	造成	zàochéng
명 책임	责任	zérèn
동 증가하다	增加	zēngjiā
동 늘어나다	增长	zēngzhǎng
동 파악하다, 정복하다	掌握	zhǎngwò
명 장애 동 방해하다	障碍	zhàng'ài
형 조급해하다	着急	zháojí
동 보살피다, 돌보다	照顾	zhàogù
조동사 ~한 채로, ~하면서 ~하다	着	zhe
부 정말, 참으로	真	zhēn
형 진귀하다, 귀중하다	珍贵	zhēnguì
동 정리하다	整理	zhěnglǐ
명 전체, 총체	整体	zhěngtǐ
부 마침, 공교롭게	正好	zhènghǎo
동 증명하다	证明	zhèngmíng
명 직업	职业	zhíyè
부 부득이, 할 수 없이	只好	zhǐhǎo
동 치료하다	治疗	zhìliáo
개사 ~으로 말하면	至于	zhìyú
동 제조하다, (분위기, 상황을) 조성하다	制造	zhìzào
부 마침내, 결국	终于	zhōngyú
동 중시하다	重视	zhòngshì
동 주의하다, 조심하다	注意	zhùyì
동 전달하다	转达	zhuǎndá
명 상태	状态	zhuàngtài
동 주요하다	主要	zhǔyào
동 준비하다	准备	zhǔnbèi

㊐ 자신	自己	zìjǐ
ⓗ 자유롭다 ⓜ 자유	自由	zìyóu
ⓑ 늘, 줄곧, 언제나	总是	zǒngshì
ⓑ 가장 바람직한 것은 ⓗ 가장 좋다	最好	zuìhǎo
ⓓ 존중하다	尊重	zūnzhòng
ⓜ (일처리나 물건을 만드는) 방법	做法	zuòfǎ
ⓜ 최근	最近	zuìjìn
ⓜ 숙제	作业	zuòyè
ⓜ 주말	周末	zhōumò
ⓜ 사진	照片	zhàopiàn
ⓜ 자전거	自行车	zìxíngchē
ⓜ 중국어	中文	zhōngwén
ⓜ 사진기	照相机	zhàoxiàngjī
ⓓ 바로 서다	站	zhàn
ⓓ 열다, 펼치다	张	zhāng
ⓓ 자라다	长	zhǎng
ⓗ 중요하다	重要	zhòngyào
ⓗ 최후의	最后	zuìhòu

접속사

虽然 A, 但是 B	만약 A한다면, 바로B한다.
即使/哪怕/就算/就是A, 那么/也 B (也)	설령 A일지라도, B하다.
既然A就 B	기왕 A한 이상 B하다.
不但(不仅) A, 而且 (也, 还) B	A일뿐만 아니라 B하다.
如果 (要是, 万一) A, 那么 (就, 便) B	만약 A라면, B한다.
要不是 A, 那么 (就) B	A라면, B한다.
只有 A, 才 B	A해야만 B하다.(조건 강조)
只要A, 就 jiù B	A하기만 하면 B한다.(결과 강조)
不管 (=不论, =无论) A, 都(也) B	A를 막론하고 모두 B한다.
凡是 A, 都 B	무릇 A한 것은 모두 B한다.
因为 A, 所以 B	A이기 때문에 그래서 B하다.
由于 A, 所以 (因而, 因此 yīncǐ) B	A이기 때문에 그래서 B하다.
既然 A, 那么 (就) B	기왕에 A한 이상, B해라.
不是 A, 而 是 B	A가 아니라 B이다.
宁可 A, 也 B	차라리 A할지언정 B하겠다.
与其 A, 不如 (宁可) B	A하기보다는 차라리 B하겠다.

태양의 후예 太阳的后裔 [tàiyángdehòuyì]

① 그대를 바라볼 때면 모든 게 멈추죠.

每当我看着你，一切都停滞了。
měi dāng wǒ kànzhe nǐ, yíqiè dōu tíngzhìle
메이 땅 워 칸져니, 이치에 떠우 팅즈러.

* 동태조사 (지속, 완료, 경험 / 부정 : 没)
- 着(呢) : 동작의 지속을 나타냄 (在 + 동사 / 동사 + 着)
- 过 : 경험을 나타냄
- 了 : 완료를 나타냄 (어기조사 '了'는 ~해졌다, ~가 생겼다)
- 停滞 [tíngzhì] : ⓢ 정체되다

② 언제부턴지 나도 모르게였죠.

不知道这是从何时开始的。
bù zhīdào zhè shì cóng hé shí kāishǐ de
부쯔따오 쩌스 총허스 카이스더.

- 从 : ⓑ ~부터 ⓢ 따르다, 순종하다
- 何时 : ⓜ 언제, 어느 때
- 是---的 : 이미 발생한 동작행위의 시간, 장소, 방식, 행위주체 등을 구체적으로 강조해서 표현할 때 쓰인다. (주어+ 是 + 강조할 내용 + 的)

③ 어느 날 꿈처럼 그대 다가와 내 맘을 흔들죠.

在某天像做梦一样你来到了，动摇了我的心。
zài mǒu tiān xiàng zuòmèng yíyàng nǐ lái dàole, dòngyáole wǒ de xīn
짜이 모티엔 씨앙쪼어 멍이양 니라이따올러, 똥야오러 워더신.

- 动摇 : ⓢ 동요하다, 흔들리다 动摇 ≠坚定[jiāndìng]
- 某天 [mǒutiān] : ⓜ 어느 날
- 像~~~ 一样[xiàng~~yíyàng] : 마치~와 같다, ~와 비슷하다 (비유, 예시들 때 사용)

④ 운명이란 걸 나는 느꼈죠.

让我感到这就是命运。
ràng wǒ gǎndào zhè jiùshì mìngyùn
랑워감따오 쩌 찌우스 밍윈.

- 感到 : ⓓ 느끼다

⑤ I love you 듣고 있나요. Only you 눈을 감아봐요.

I love you 你在听吗 Only you(只有你), 闭上眼睛吧
nǐ zài tīng ma (zhǐyǒu nǐ), bì shàng yǎnjīng ba
I love you 니 짜이 팅 마 Only you 비상앤징바.

- 闭上 : ⓓ 닫다, (입을) 다물다, (눈을) 감다, (전등을) 끄다
- 眼睛 : ⓜ 눈 / 眼 : ⓜ 눈, 구멍, 관찰력, 안목, 식견 / 睛 : ⓜ 눈동자

⑥ 바람에 흩날려 온 그대 사랑

你随风荡漾起来的爱情
nǐ suí fēng dàngyàng qǐlái de àiqíng
니 쑤이 펑당양 치라이더 아이 칭.

- 起来 : ⓓ 일어나다
- 荡漾 [dàngyàng] : ⓓ (물결이) 일다, 출렁이다, 넘실거리다.

⑦ 어쩌다 내가 널 사랑했을까?

我是怎么会爱上你的呢
wǒ shì zěnme huì ài shàng nǐ de ne
워스 쩌머 호이아이상 니 더 느.

⑧ 밀어내려 해도 내 가슴이 널 알아봤을까?

就算想要推开 是我的心已经懂了你吗?
jiùsuàn xiǎng yào tuī kāi shì wǒ de xīn yǐjīng dǒngle nǐ ma
찌우쑤안 씨앙야오 투이카이, 스워더신 이징동러니마.
*후렴 (I love you 니 짜이 팅 마 Only you 비상앤징바)

- 就算 [jiùsuàn] : ㉆ 설령 ~하더라도[할지라도 / 가정 겸 양보관계('~也'와 호응)]
- 推开 [tuīkāi] : ㉢ 밀어내다

⑨ 모든 게 변해도 변하지 않아.

就算沧海桑田我也始终不渝。
jìusuàn cānghǎisāngtián wǒ yě shǐzhōng bùyú
지우쑤안 창하이쌍티앤 워 예 스종 뿌위.

- 沧海桑田 [cānghǎisāngtián] : 세상사가 변화무쌍하다.
- 始终不渝 [shǐzhōng bùyú] : 처음부터 끝까지 변함이 없다, 절대 변하지 않는다.
  ↔ 朝三暮四 [zhāosānmùsì]: 변덕스러워 갈피를 잡을 수 없다.

⑩ 넌 나의, 난 너의 사랑

我们是属于彼此的爱
wǒmén shì shǔyú bǐcǐ de ài
워먼 스 쇼위 비츠 삐츠 더 아이.

- 属于 [shǔyú] : ㉢ ~에 속하다
- 彼此 [bǐcǐ] : ㉠ 서로, 상호

⑪ 그대 조금 돌아온대도

就算你有些归去之意
jiùsuàn nǐ yǒuxiē guī qù zhī yì
지우쑤안 니 요쎄꾸이취즈이

- 归去 [guīqù] : ㉢ 돌아가다
- 就算 [jiùsuàn] : ㉆ 설령 ~이라도
- 有些 [yǒuxiē] : ㉢ 조금 있다 ㉥ 조금, 약간 ㉣ 일부, 어떤 것
  (수량이 많지 않은 것을 나타냄. 일반적으로 '有点儿'보다는 많음)

⑫ 괜찮아요. 그댈 위해 내가 여기 있을게

也没关系为了你，我会在这里守候
yě méiguānxì wèile nǐ, wǒ huì zài zhèlǐ shǒuhòu
예 메이콴씨러 니, 워 호이 자이 쩌리 셔우호우.

- 守候 [shǒuhòu] : ⓢ 돌보다, 간호하다, 기다리다, 고대하다

⑬ I love you 잊지 말아요. Only you 내 눈물의 고백

I love you 不要忘记、Only you 我眼泪的告白
I love you bùyào wàngjì, Only you wǒ yǎnlèi de gàobái
I love you 부야오 왕지, Only you 워 앤레이 더 까오바이

- 忘记 [wàngjì] : ⓢ (지난 일을) 잊어버리다, (마땅히 해야 할 일을) 잊다, 소홀히 하다
≒ 遗忘 [yíwàng], 忘怀 [wànghuái], 忘掉 [wàngdiào], 忘却 [wàngquè]
- 告白 [gàobái] : ⓜ 공고, 게시, 광고 ⓢ 고백하다, 나타내다, 설명하다, 해석하다

⑭ (후렴)바람에 흩날려 온 그대 사랑

你随风荡漾起来的爱情
nǐ suí fēng dàngyàng cǐlái de àiqíng
니 쑤이 펑 당양더 치라이더 가이칭.

[END]

* 태양의 후예 중국어 버전 youtube 주소
https://www.youtube.com/watch?v=sjyw_PB2grI

BEAUTY COSMETIC CHINESE SPEAKING

【　】张　　　　　　　　月。　日。 姓名：

• Comment

1. ⓢ 떠나다 2. ⓢ 잃어버리다, 놓치다 3. ⓢ 제거하다, 없애다	去						
• 병음 : **qù**							